普通高等院校计算机教育“十四五”规划教材

计算机网络实验教程

冀　松◎主编

中国铁道出版社有限公司
CHINA RAILWAY PUBLISHING HOUSE CO., LTD.

内 容 简 介

本书在介绍计算机网络常用命令和计算机网络原理的基础上，通过 Cisco Packet Tracer 模拟器完成了交换机工作原理、交换机的端口安全、虚拟局域网、生成树协议、链路聚合、路由协议、访问控制列表、网络地址转换等实验。

本书共 5 章，包括网络基础、交换机的配置与应用、路由器的配置与应用、访问控制列表、网络地址转换。

本书语言通俗易懂，案例丰富，内容由浅入深，结构清晰，同时录制了每个实验的操作过程，读者可以扫描二维码进行观看。

本书适合作为普通高等院校和培训机构的计算机网络实验教材。

图书在版编目（CIP）数据

计算机网络实验教程/冀松主编.—北京：中国铁道出版社有限公司，2022.1（2025.1 重印）
普通高等院校计算机教育“十四五”规划教材
ISBN 978-7-113-28434-3

Ⅰ.①计… Ⅱ.①冀… Ⅲ.①计算机网络-实验-高等学校-教材 Ⅳ.①TP393-33

中国版本图书馆 CIP 数据核字（2021）第 199635 号

书　　名：计算机网络实验教程
作　　者：冀　松

策　　划：魏　娜　　编辑部电话：（010）63549501
责任编辑：贾　星　许　璐
封面设计：郑春鹏
封面制作：刘　颖
责任校对：苗　丹
责任印制：赵星辰

出版发行：中国铁道出版社有限公司（100054，北京市西城区右安门西街 8 号）
网　　址：https://www.tdpress.com/51eds
印　　刷：三河市兴博印务有限公司
版　　次：2022 年 1 月第 1 版　2025 年 1 月第 3 次印刷
开　　本：787 mm×1 092 mm 1/16　印张：7.25　字数：124 千
书　　号：ISBN 978-7-113-28434-3
定　　价：25.00 元

前 言

本书以“教师为主导，学生为主体”为编写理念，以服务为宗旨，以就业为导向，以能力为本位，以学会为目的。本书在介绍计算机网络常用命令和计算机网络原理的基础上，通过 Cisco Packet Tracer 模拟器完成了交换机工作原理、交换机的端口安全、虚拟局域网、生成树协议、链路聚合、路由协议、访问控制列表、网络地址转换等实验。

本书共分 5 章。第 1 章为网络基础，介绍了常用的网络命令，如 ipconfig 命令、ping 命令、tracert 命令、netstat 命令、route 命令及 Cisco Packet Tracer 模拟器的使用；第 2 章为交换机的配置与应用，包括交换机工作原理验证实验、交换机的基本操作与配置、交换机的端口安全的配置与应用、单交换机 VLAN 的配置与应用、多交换机 VLAN 的配置与应用、三层交换机实现 VLAN 之间的通信、生成树协议的配置与应用、链路聚合的配置与应用；第 3 章为路由器的配置与应用，包括路由器的基本操作与配置、直连路由的配置与应用、静态路由的配置与应用、RIP 路由协议的配置与应用、OSPF 路由协议的配置与应用；第 4 章为访问控制列表，包括标准访问控制列表的配置与应用和扩展访问控制列表的配置与应用；第 5 章为网络地址转换，包括静态网络地址转换的配置与应用、动态网络地址转换的配置与应用、网络地址端口转换 PAT 的配置与应用。本书的每个实验包括实验目的、实验内容、实验原理、关键命令、实验设备、实验拓扑、实验步骤、结果验证等。

本书适合作为普通高等院校和培训机构计算网络课程的实验教材，通过完成本教材的实验可使学生理解计算机网络的工作原理，掌握计算机各层协议的作用和配置方法。为了方便读者学习和理解相关内容，本书针对每个实验录制了微课视频，读者可以通过扫描书中的二维码进行观看。

本书由保定理工学院冀松主编，实验视频由保定理工学院 2019 级计算机应用技术专业学生杨建成录制。在编写过程中，保定理工学院的各级领导给予了大力支持，在此对他们表示感谢。

由于编者水平有限，书中难免存在疏漏和不妥之处，恳请广大读者批评指正。

编　者

2021 年 5 月

目 录

第 1 章 网络基础

1.1 计算机网络常用的网络命令

1.1.1 ipconfig 命令

ipconfig 命令用于显示计算机当前的 TCP/IP 配置信息，ipconfig 命令是调试计算机网络的常用命令，通常使用它显示计算机中网络适配器的 IP 地址、子网掩码及默认网关。在计算机键盘上按【Win+R】组合键，打开“运行”对话框，如图 1-1-1 所示。

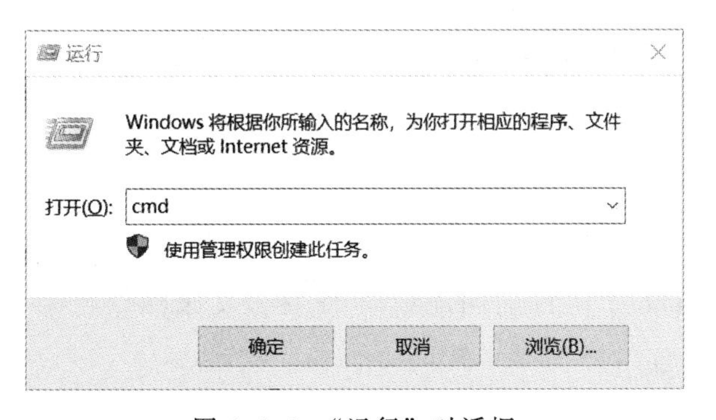

图 1-1-1 “运行”对话框

输入 cmd，单击“确定”按钮，进入 Windows 命令提示符界面。在 Windows 命令窗口，输入 ipconfig 命令后，按【Enter】键，显示结果如图 1-1-2 所示。从图中可知计算机的 IPv6 地址为 fe80::81b0:c79c:1485:2995，IPv4 地址为 192.168.3.15，子网掩码为 255.255.255.0，默认网关为 192.168.3.1。

```
Microsoft Windows [版本 10.0.18363.1379]
(c) 2019 Microsoft Corporation。保留所有权利。

C:\Users\Administrator>ipconfig

Windows IP 配置


以太网适配器 以太网:

   连接特定的 DNS 后缀 . . . . . . . :
   本地链接 IPv6 地址. . . . . . . . : fe80::81b0:c79c:1485:2995%11
   IPv4 地址 . . . . . . . . . . . . : 192.168.3.15
   子网掩码  . . . . . . . . . . . . : 255.255.255.0
   默认网关. . . . . . . . . . . . . : 192.168.3.1

以太网适配器 以太网 2:

   媒体状态  . . . . . . . . . . . . : 媒体已断开连接
   连接特定的 DNS 后缀 . . . . . . . :
```

图 1-1-2　ipconfig 命令运行结果

如果只使用 ipconfig 命令，则只显示当前计算机网络适配器的 IP 地址、子网掩码及默认网关。ipconfig 命令后面可以加上一些参数选项，完成相应的操作。常用的选项及作用见表 1-1-1。

表 1-1-1　ipconfig 命令选项

选　　项	作　　用
/all	显示所有适配器完整的 TCP/IP 配置信息，包括主机名，主 DNS 的后缀，节点类型，IP 路由状态，WINS 代理状态，租约获取的时间和租约过期的时间等
/release	向 DHCP 服务器发送相关的信息，释放适配器当前 DHCP 分配的 IP 地址
/renew	更新适配器的 IP 地址，将从 DHCP 的服务器重新获取 IP 地址
/displaydns	查询显示当前 DNS 解析的缓存内容
/flushdns	清除 DNS 解析程序的缓存

1.1.2　ping 命令

PING（Packet Internet Groper）是因特网包探索器。ping 命令利用 ICMP（Internet Control Messages Protocol）协议的回应请求/应答报文来测试目的主机或路由器的可达性。ping 命令的语法如下：

```
ping [-t] [-a] [-n count] [-l length] [-f] [-i ttl] [-v tos] [-r count] [-s count] [[-j computer-list] | [-k computer-list]] [-w timeout] destination-list
```

ping 命令各选项的作用如表 1-1-2 所示。

表 1-1-2　ping 命令选项

选　项	作　用
-t	一直 ping 指定的计算机，直到按下【Ctrl+C】组合键停止
-a	将 IP 地址解析为计算机主机名
-n count	发送 count 指定的 ECHO 数据包数，默认值为 4
-l length	发送探测数据包的大小，默认值为 32 B
-f	不允许分片，默认为允许分片
-i ttl	将“生存时间”字段设置为 ttl 指定的值
-v tos	将“服务类型”字段设置为 tos 指定的值
-r count	在“记录路由”字段中记录传出和返回数据包的路由
-s count	指定 count 指定的跃点数的时间戳
-j computer-list	利用主机列表指定宽松的源路由
-k computer-list	利用主机列表指定严格的源路由
-w timeout	指定超时间隔，单位为毫秒
destination-list	指定要 ping 的远程计算机

ping 命令最简单的是不带任何选项参数，直接在命令提示符下 ping 对方主机的域名地址或 IP 地址。例如测试自己主机与百度服务器的连通性，可用命令 ping www.baidu.com，运行结果如图 1-1-3 所示。

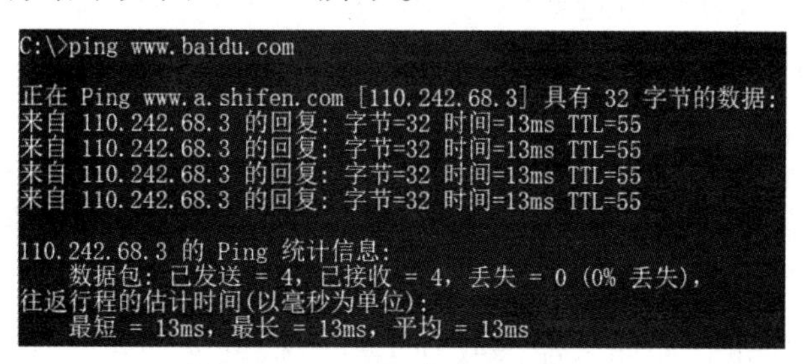

图 1-1-3　ping 命令运行结果

从以上的返回结果可以得到以下信息：

（1）域名地址 www.baidu.com 对应的 IP 地址为 110.242.68.3。

（2）源主机收到目的主机的四个应答包，数据包大小是 32 个字节，往返一次所用的时间为 13 ms，TTL 值为 55，可以识别目的主机的操作系统。

（3）源主机向目的主机发送了 4 个数据包，4 个数据包全部被目的主机接收，丢失率为 0，往返行程的最短、最长和平均时间为 13 ms。

为了达到特殊的测试目的，需要在 ping 命令后面加上具体的参数。例如，为了测试网络中大数据包的传输效果，可以用 ping -l 1024 www.baidu.com 命令来测试，此时探测数据包的大小是 1 024 字节，而不是默认的 32 字节。运行结果如图 1-1-4 所示。

```
C:\>ping -l 1024 www.baidu.com

正在 Ping www.a.shifen.com [110.242.68.3] 具有 1024 字节的数据:
来自 110.242.68.3 的回复: 字节=1024 时间=14ms TTL=55
来自 110.242.68.3 的回复: 字节=1024 时间=15ms TTL=55
来自 110.242.68.3 的回复: 字节=1024 时间=13ms TTL=55
来自 110.242.68.3 的回复: 字节=1024 时间=12ms TTL=55

110.242.68.3 的 Ping 统计信息:
    数据包: 已发送 = 4, 已接收 = 4, 丢失 = 0 (0% 丢失),
往返行程的估计时间(以毫秒为单位):
    最短 = 12ms, 最长 = 15ms, 平均 = 13ms
```

图 1-1-4 ping 命令运行结果

当网络出现故障的时候，如果本地主机不能正常访问某个网络，此时可以用 ping 命令进行测试，查明具体故障所在。一般情况下，按以下的顺序进行测试：

（1）ping 127.0.0.1。127.0.0.1 是本地循环地址，如果本地址无法 ping 通，则表明本地机的 TCP/IP 协议不能正常工作。

（2）ping 本机 IP 地址。此命令把数据包发送到本地主机所配置的 IP 地址，若此时无法 ping 通，则表示本地配置或安装存在问题。出现此情况时，局域网用户可以先断开网络电缆，并重新 ping 本机 IP 地址。如果网线断开后，本命令正确，则说明原来的局域网可能存在其他计算机配置了相同的 IP 地址。

（3）ping 局域网内其他主机 IP。这个命令数据包会离开本地计算机经过网卡和网线到达局域网的其他计算机后再返回。如果收到对方返回的应答包，说明本地网络正常；如果没有收到应答，可能是因为 IP 地址和子网掩码设置不正确，两台计算机不在同一子网。也有可能是网卡配置的问题或电缆系统的问题。

（4）ping 网关 IP。如果 ping 网关 IP 能收到应答，则说明局域网中的网关运行正常。

（5）ping 远程主机 IP。如果能够收到远程主机的应答包，说明网络正常。

1.1.3 tracert 命令

tracert（跟踪路由）是路由跟踪实用程序，用来测试数据包从源主机到特定主机所经过的路径。tracert 通过向特定主机发送不同 IP 生存时间（TTL）值的“Internet 控制消息协议（ICMP）”回应数据包，tracert 诊断程序确定到目标所采取的路由。要求路径上的每个路由器在转发数据包之前至少将数据包上的 TTL 递减 1。数据包上的 TTL 减为 0 时，路由器应该将“ICMP 已超时”的消息发回源主机，这样源主机就会得到目前路由的相关数据。tracert 命令使用 IP 生存时间（TTL）字段和 ICMP 错误消息来确定从一个主机到网络上其他主机的路由，其命令格式如下：

```
tracert [-d] [-h maximum_hops] [-j computer-list] [-w timeout] target_name
```

tracert 命令各选项的作用如表 1-1-3 所示。

表 1-1-3　tracert 命令选项说明

选　　项	作　　用
-d	指定不将地址解析为计算机名，可以加快显示结果
-h aximum_hops	指定搜索目标的最大跃点数
-j computer-list	与主机列表一起的松散源路由（仅适用于 IPv4），指定沿 host-list 的稀疏源路由列表序进行转发。host-list 是以空格隔开的多个路由器 IP 地址，最多 9 个
-w timeout	等待每个回复的超时时间(以 ms 为单位)
target_name	目标计算机的名称

在命令提示符下输入 tracert www.sohu.com 命令后，运行结果如图 1-1-5 所示。

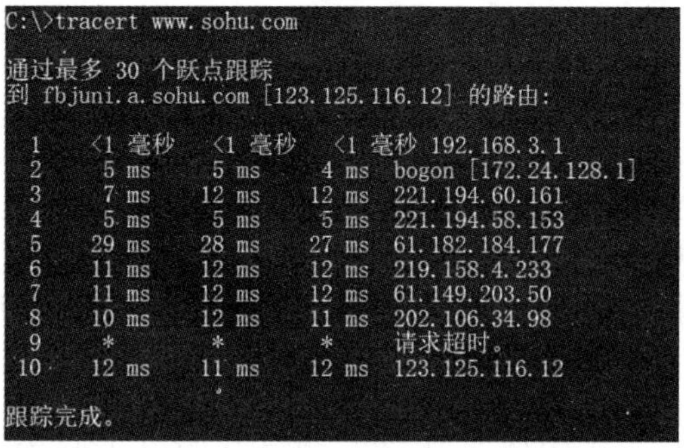

```
C:\>tracert www.sohu.com

通过最多 30 个跃点跟踪
到 fbjuni.a.sohu.com [123.125.116.12] 的路由:

  1    <1 毫秒   <1 毫秒   <1 毫秒 192.168.3.1
  2     5 ms     5 ms     4 ms  bogon [172.24.128.1]
  3     7 ms    12 ms    12 ms  221.194.60.161
  4     5 ms     5 ms     5 ms  221.194.58.153
  5    29 ms    28 ms    27 ms  61.182.184.177
  6    11 ms    12 ms    12 ms  219.158.4.233
  7    11 ms    12 ms    12 ms  61.149.203.50
  8    10 ms    12 ms    11 ms  202.106.34.98
  9     *        *        *     请求超时。
 10    12 ms    11 ms    12 ms  123.125.116.12

跟踪完成。
```

图 1-1-5　tracert 命令运行结果

由运行结果可知，从本地主机到达目的主机需要经过 9 个路由器，其中 192.168.3.1 是本地网络上的路由，123.125.116.12 是搜狐服务器 IP 地址。其中第 9 条里的“*”号表示超时，没有解析出此路由器正确的地址。出现这种情况的原因是路由器不会为其 TTL 值已经过期的数据包返回“已超时”的消息，tracert 命令对这些路由器不起作用，此时数据就会以“*”号显示。

1.1.4　netstat 命令

netstat 是控制台命令，是一个监控 TCP/IP 网络的非常有用的工具。netstat 命令的功能是显示路由表、实际的网络连接以及每一个网络接口设备的状态信息，可以让用户得知有哪些网络连接正在运作。netstat 命令用于显示与 IP、TCP、UDP 和 ICMP 协议相关的统计数据，一般用于检验本机各端口的网络连接情况。netstat 命令的格式如下：

```
netstat [-a] [-b] [-e] [-f] [-n] [-o] [-p proto] [-r] [-s] [-x] [-t] [interval]
```

netstat 命令各选项的作用如表 1-1-4 所示。

表 1-1-4 netstat 命令选项

选　项	作　用
-a	显示所有连接和侦听端口
-b	显示在创建每个连接或侦听端口时涉及的执行程序
-e	显示以太网统计信息，可以与-s 选项结合使用
-f	显示外部地址的完全限定域名(FQDN)
-n	以数字的形式显示地址和端口号
-o	显示拥有的与每个连接关联的进程 ID
-p proto	显示 proto 指定的协议的连接；proto 可以是下列任何一个: TCP、UDP、TCPv6 或 UDPv6。如果与 -s 选项一起用来显示每个协议的统计信息，proto 可以是下列任何一个：IP、IPv6、ICMP、ICMPv6、TCP、TCPv6、UDP 或 UDPv6
-r	显示核心路由表，格式同“route -e”
-s	显示每个协议的统计信息。默认情况下，显示 IP、IPv6、ICMP、ICMPv6、TCP、TCPv6、UDP 和 UDPv6 的统计信息
-x	显示 NetworkDirect 连接、侦听器和共享端点
-t	显示当前连接卸载状态
interval	重新显示选定的统计，各个显示间暂停的间隔秒数。按【Ctrl+C】组合键停止重新显示统计。如果省略，则 netstat 将显示当前配置信息一次

一般用 netstat -an 来显示所有连接的端口并用数字表示。在命令提示符下输入 netstat -an，显示结果如图 1-1-6 所示。

```
C:\>netstat -an

活动连接

  协议  本地地址              外部地址              状态
  TCP    0.0.0.0:135            0.0.0.0:0              LISTENING
  TCP    0.0.0.0:445            0.0.0.0:0              LISTENING
  TCP    0.0.0.0:5040           0.0.0.0:0              LISTENING
  TCP    0.0.0.0:7680           0.0.0.0:0              LISTENING
  TCP    0.0.0.0:49664          0.0.0.0:0              LISTENING
  TCP    0.0.0.0:49665          0.0.0.0:0              LISTENING
  TCP    0.0.0.0:49666          0.0.0.0:0              LISTENING
  TCP    0.0.0.0:49667          0.0.0.0:0              LISTENING
  TCP    0.0.0.0:49668          0.0.0.0:0              LISTENING
  TCP    0.0.0.0:49669          0.0.0.0:0              LISTENING
  TCP    127.0.0.1:4301         0.0.0.0:0              LISTENING
  TCP    192.168.3.14:139       0.0.0.0:0              LISTENING
  TCP    192.168.3.15:139       0.0.0.0:0              LISTENING
  TCP    192.168.3.15:55936     111.206.57.215:80      ESTABLISHED
  TCP    192.168.3.15:55942     123.126.122.47:443     CLOSE_WAIT
  TCP    192.168.3.15:55963     123.126.122.47:443     CLOSE_WAIT
  TCP    192.168.3.15:55964     123.126.122.47:443     CLOSE_WAIT
  TCP    192.168.3.15:55965     123.126.122.47:443     CLOSE_WAIT
  TCP    192.168.3.15:55998     58.251.106.223:443     CLOSE_WAIT
  TCP    192.168.3.15:56056     125.39.133.14:443      CLOSE_WAIT
  TCP    192.168.3.15:56115     60.29.238.78:8080      ESTABLISHED
  TCP    192.168.3.15:56166     220.194.224.208:443    CLOSE_WAIT
  TCP    192.168.3.15:56194     109.244.170.86:443     ESTABLISHED
  TCP    192.168.3.15:56338     192.168.3.1:80         CLOSE_WAIT
  TCP    192.168.3.15:56856     40.119.211.203:443     ESTABLISHED
  TCP    192.168.3.15:57040     58.250.137.49:443      CLOSE_WAIT
  TCP    192.168.3.15:57186     58.247.214.101:443     CLOSE_WAIT
  TCP    192.168.3.15:57212     52.114.36.2:443        TIME_WAIT
```

图 1-1-6 netstat-an 命令运行结果

netstat -an 命令返回的结果共四列，第一列是对应的协议，tcp 协议或 udp 协议，第二列是本地计算机地址与端口号，第三列是外部设备地址与端口号，第四列是链路的状态信息。

```
TCP  192.168.3.15: 57040  58.250.137.49: 443  CLOSE_WAIT
```

上面一行结果表示本地计算机 192.168.3.15 的端口号和外部计算机 58.250.137.49 的端口 443 的一个 TCP 连接处于关闭等待状态。

1.1.5　route 命令

route 命令可以在数据包没有有效传递的情况下，利用 route 命令查看路由表，并可以编辑计算机的路由表。

```
route [-f] [-p] [-4|-6] command [destination] [MASK netmask] [gateway] [METRIC metric] [IF interface]
```

route 命令选项的作用如表 1-1-5 所示。

表 1-1-5　route 命令选项

选　项	作　用
-f	清除所有网关项的路由表。如果与某个命令结合使用，在运行该命令前，清除路由表
-p	与 ADD 命令结合使用时，将路由设置为在系统引导期间保持不变。默认情况下，重新启动系统时，不保存路由。忽略所有其他命令，这始终会影响相应的永久路由
-4	强制使用 IPv4
-6	强制使用 IPv6
command	command 为 print、add、delete、change 其中之一： print 表示打印路由、add 表示添加路由、delete 表示删除路由、change 表示修改现在路由
destination	指定主机
MASK netmask	MASK 指定下一个参数为“netmask”值；netmask 指定此路由项的子网掩码值
gateway	指定网关
METRIC metric	指定跃点数，例如目标的成本
IF interface	指定目标可以到达的接口的接口索引

在命令中，command 为 print、add、delete、change 其中之一： route print 表示打印路由、route add 表示添加路由、route delete 表示删除路由、route change 表示修改现在的路由。

例如：

```
route delete 192.168.3.0 mask 255.255.255.0
```

表示删除网络目的地址为 192.168. 3.0，子网掩码为 255.255.255.0 的路由。

```
route add 10.30.0.0 mask 255.255.0.0 10.20.0.1
```

表示添加网络目的地址为 10.30.0.0，子网掩码为 255.255.255.0 的路由，下一跳的地址为 10.20.0.1。

```
route change 10.30.0.0 mask 255.255.0.0 10.50.0.1
```

表示将目的地址为 10.30.0.0，子网掩码为 255.255.255.0 的路由的下一跳地址由原来的 10.20.0.1 更改为 10.50.0.1。

在命令提示符下输入 route print，显示结果如图 1-1-7 所示。

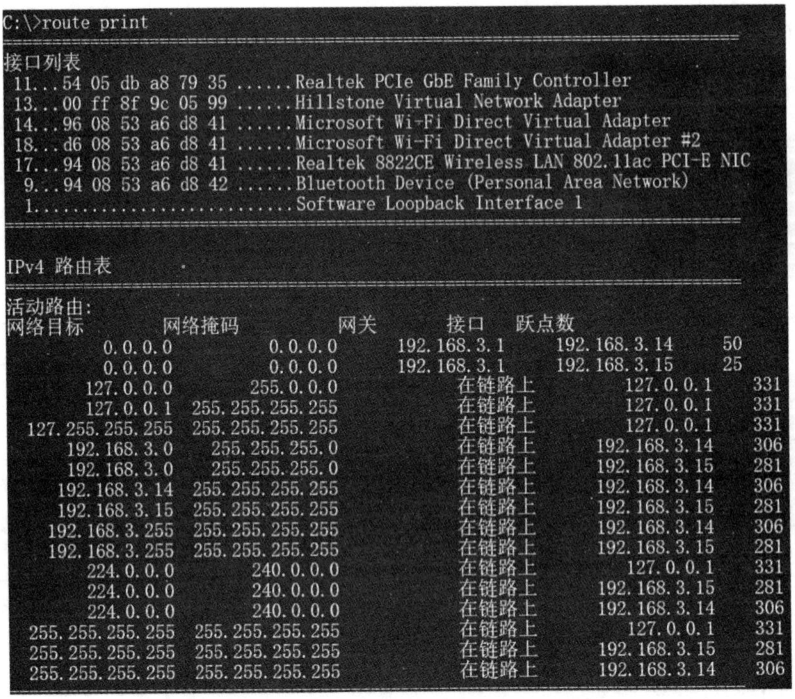

```
C:\>route print
===========================================================================
接口列表
 11...54 05 db a8 79 35 ......Realtek PCIe GbE Family Controller
 13...00 ff 8f 9c 05 99 ......Hillstone Virtual Network Adapter
 14...96 08 53 a6 d8 41 ......Microsoft Wi-Fi Direct Virtual Adapter
 18...d6 08 53 a6 d8 41 ......Microsoft Wi-Fi Direct Virtual Adapter #2
 17...94 08 53 a6 d8 41 ......Realtek 8822CE Wireless LAN 802.11ac PCI-E NIC
  9...94 08 53 a6 d8 42 ......Bluetooth Device (Personal Area Network)
  1...........................Software Loopback Interface 1
===========================================================================

IPv4 路由表
===========================================================================
活动路由:
网络目标        网络掩码          网关       接口   跃点数
          0.0.0.0          0.0.0.0      192.168.3.1     192.168.3.14     50
          0.0.0.0          0.0.0.0      192.168.3.1     192.168.3.15     25
        127.0.0.0        255.0.0.0            在链路上         127.0.0.1    331
        127.0.0.1  255.255.255.255            在链路上         127.0.0.1    331
  127.255.255.255  255.255.255.255            在链路上         127.0.0.1    331
      192.168.3.0    255.255.255.0            在链路上      192.168.3.14    306
      192.168.3.0    255.255.255.0            在链路上      192.168.3.15    281
     192.168.3.14  255.255.255.255            在链路上      192.168.3.14    306
     192.168.3.15  255.255.255.255            在链路上      192.168.3.15    281
    192.168.3.255  255.255.255.255            在链路上      192.168.3.14    306
    192.168.3.255  255.255.255.255            在链路上      192.168.3.15    281
        224.0.0.0        240.0.0.0            在链路上         127.0.0.1    331
        224.0.0.0        240.0.0.0            在链路上      192.168.3.15    281
        224.0.0.0        240.0.0.0            在链路上      192.168.3.14    306
  255.255.255.255  255.255.255.255            在链路上         127.0.0.1    331
  255.255.255.255  255.255.255.255            在链路上      192.168.3.15    281
  255.255.255.255  255.255.255.255            在链路上      192.168.3.14    306
===========================================================================
```

图 1-1-7　route print 命令运行结果图

图 1-1-7 显示了本地计算机 IPv4 路由表。路由器的第一列是网络目的地址，列出了路由器连接的所有网段；第二列是网络掩码，网络掩码列提供这个网段本身的子网掩码，而不是连接到这个网段的网卡的子网掩码；第三列是网关，网关告诉路由器这个数据包应该转发到哪一个 IP 地址才能到达目的网络；第四列是接口，接口告诉路由器哪一个网卡连接到了合适的目的网络，也就是要到达前面的目的网络需要把数据交给那个网卡，这里显示的是网卡的 IP 地址。

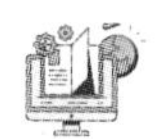

1.2　Cisco Packet Tracer

1.2.1　Cisco Packet Tracer 使用说明

Cisco Packet Tracer（思科模拟器）是一款功能强大的网络模拟器，主要用于模拟 cisco 图形界面网络模拟，该软件通过建立虚拟的网络环境，能让用户通过远程网络进行模拟器访问，支持学生和教师建立仿真、虚拟活动网络模型，通过仿真技术对现实的物理用具进行仿真，让用户可以在虚拟环境下建立网络拓扑结构图，支持 JavaScript 和 CSS，支持多种服务器。

1. Cisco Packet Tracer 安装

下载 Cisco Packet Tracer 软件包，右击压缩包在弹出的快捷菜单中选择解压到当前文件夹，得到 32 位和 64 位的安装文件，用户根据自己的计算机操作系统进行选择，双击安装文件，进入软件安装界面，弹出图 1-2-1 所示的对话框。

单击 Next 按钮，进入图 1-2-2 所示界面。

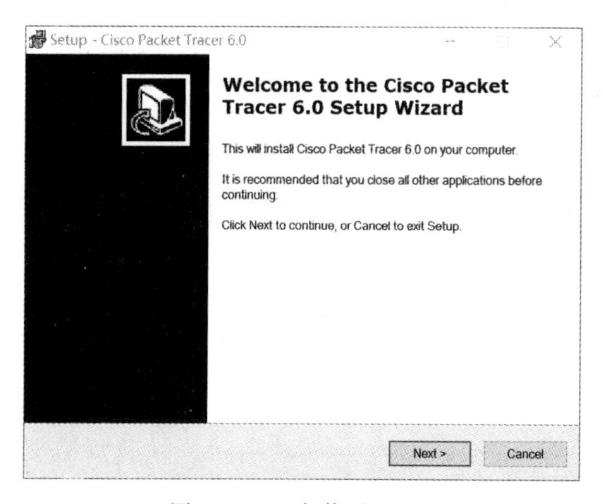

图 1-2-1　安装界面 1

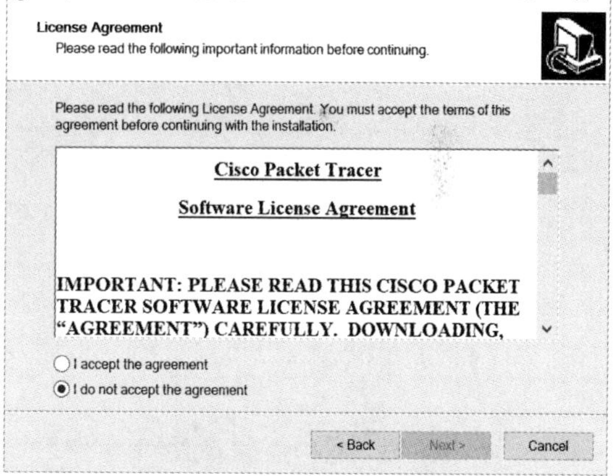

图 1-2-2　安装界面 2

选择 I accept the agreement 选项后单击 Next 按钮，进入 Cisco Packet Tracer 软件安装位置选择界面，如图 1-2-3 所示。

可以直接单击 Next 按钮，软件会默认安装到系统 C 盘中。或者单击 Browse（浏览）按钮，选择合适的安装位置后。一直单击 Next 按钮，直至弹出图 1-2-4 所示的界面。软件安装完成，单击界面下方的 Finish 按钮即可关闭安装界面。

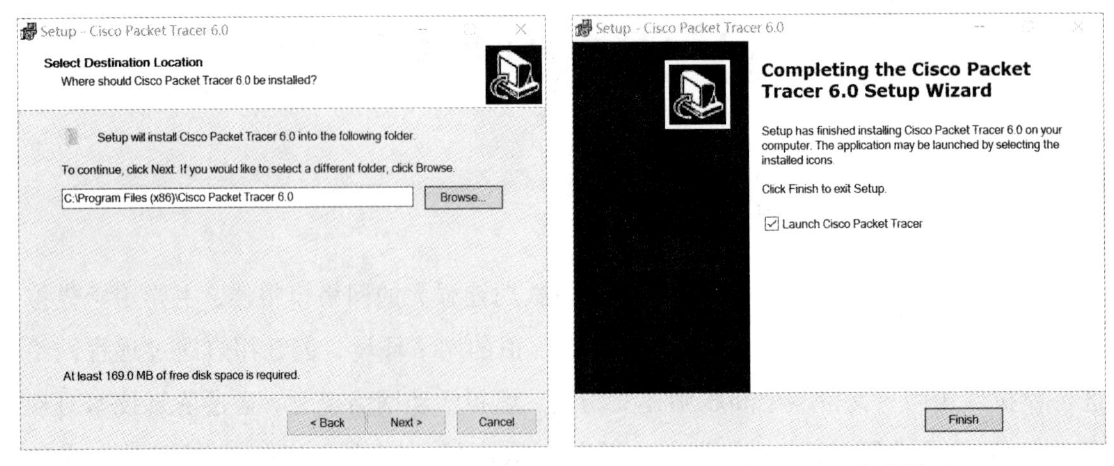

图 1-2-3　安装界面 3　　　图 1-2-4　安装界面 4

2. Cisco Packet Tracer 用户界面

软件启动后，用户界面如图 1-2-5 所示。

图 1-2-5　用户界面

（1）菜单栏。菜单栏包括 File（文件）、Edit（编辑）、Option（选项）、View（视图）、工具、Extensions（扩展）、Help（帮助）等菜单。

（2）主工具栏。主工具栏列出了软件的常用命令，这些命令通常包含在各个菜单中。

（3）公共工具栏。公共工具栏列出了对工作区中构件进行操作的工具，包括选择工具、注释工具、删除工具、查看工具、绘图工具、调整图形大小工具、简单报文工具、复杂报文工具。

（4）工作区。工作区是 Cisco Packet Tracer 软件的核心区域。工作区包括两种显示模式：一种是逻辑工作区，是默认的模式；一种是物理工作区。工作区在逻辑工作模式下，用户可以查看网络的拓扑结构、配置网络设备、检测网络的连通性。工作区在物理工作区模式下，显示的是城市的布局、城市内的建筑物、建筑物配线间的布局、路由器交换机的外观形状等。

（5）物理逻辑选择栏。物理逻辑选择栏用来选择工作区是工作在逻辑工作区还是物理工作区，默认是逻辑工作区，单击选择栏会在两种模式间进行切换。

（6）设备类型选择栏。设备类型选择栏包括的设备类型有：路由器、交换机、集线器、无线设备、连接线、终端设备、广域网仿真设备、定制设备等。

（7）设备选择栏。设备选择栏用于具体选择指定类型的网络设备型号。

（8）模式选择栏。模式选择栏用于选择实时操作（Realtime）模式还是模拟操作（Simulation）模式，实时操作模式用于仿真网络实际的运行过程，用户可以检查网络设备配置、转发表、路由表等控制信息，通过发送分组检测端到端的连通性。在模拟操作模式下，用户可以观察并分析端到端传输过程中的每一个步骤。

3．网络设备配置过程

（1）首先选择需要的设备类型，选择设备类型中的交换机，再从交换机中选择某一具体型号的交换机，拖动到工作区。

（2）选择终端设备类型，然后选择个人计算机拖动到工作区。

（3）选择连接线缆类型，然后选择直通线，单机交换机选择其中一个接口，然后再选择计算机的网卡接口，此时用直通双绞线将计算机和交换机的相应接口连接起来，如图 1-2-6 所示。

在 Cisco Packet Tracer 软件中要对某个设备进行配置，只需要单击某个设备。以交换机为例，单击交换机后，出现图 1-2-7 所示的窗口。该窗口包括“物理”“配置”“命令行” 3 个选项卡。物理选项卡状态下左边是可以添加的物理模块，右边是物理设备视图。

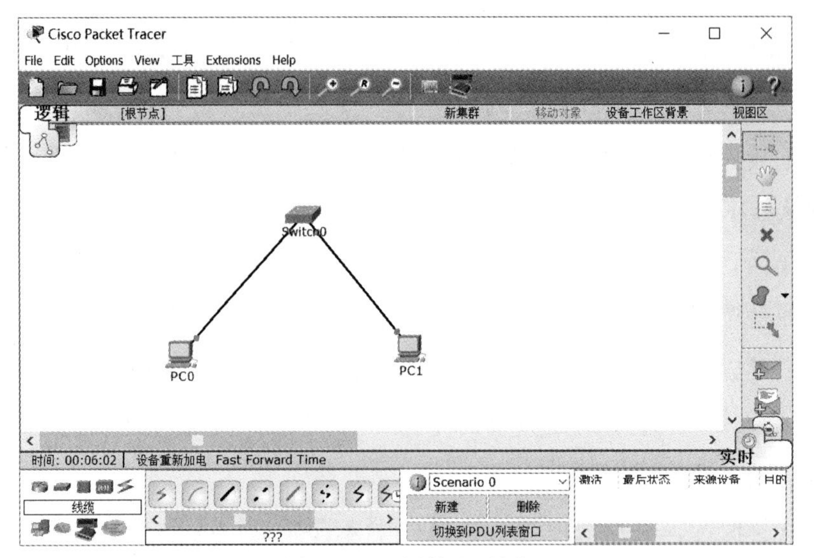

图 1-2-6 网络配置图

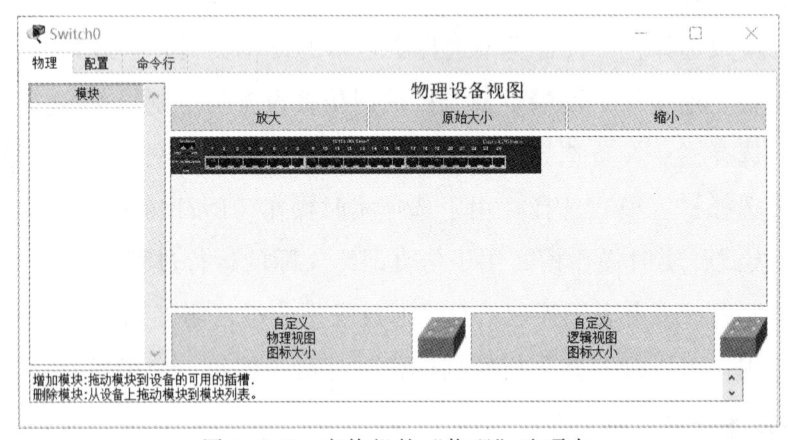

图 1-2-7 交换机的“物理”选项卡

单击“配置”选项卡，进入交换机的手动配置页面，如图 1-2-8 所示。

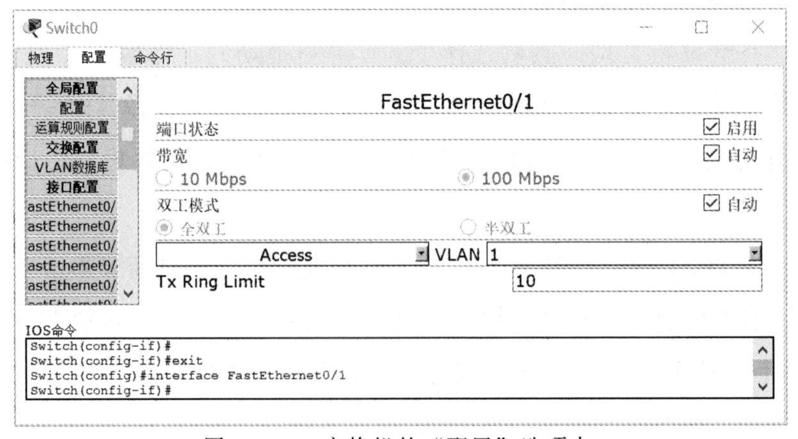

图 1-2-8 交换机的“配置”选项卡

单击“命令行”选项卡，进入交换机的命令行页面，如图 1-2-9 所示。用户可以在命令行下对设备进行相应的配置。但实际的网络设备配置过程与此不同，主要通过 Console 口配置、通过 Telnet 远程登录配置、通过 Web 或网管软件配置。

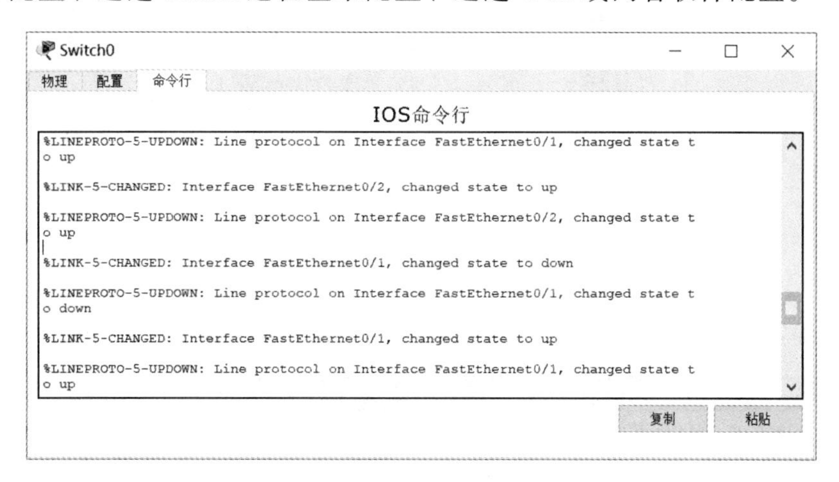

图 1-2-9　交换机的“命令行”选项卡

4. 通过 Console 口对交换机路由器进行初始配置

对于刚出厂的交换机和路由器来说，只有默认的配置，此时用一台计算机通过 Console 线缆和交换机或路由器的 Console 口相连进行初始的配置。Console 线缆一端连接计算机的 RS-232 接口，一端连接交换机或路由器的 Console 口，如图 1-2-10 所示。

PC0　Switch0

图 1-2-10　通过 Console 口配置交换机

单击 PC0 计算机，弹出图 1-2-11 所示的界面。单击“桌面”选项卡，显示模拟器中计算机的桌面。

图 1-2-11　模拟器中计算机的桌面

单击“终端”按钮，弹出图 1-2-12 所示的对话框。

终端配置
端口配置
位/秒: 9600
数据位: 8
奇偶: None
停止位: 1
流量控制: None
确定

图 1-2-12 “终端配置”对话框

单击“确定”按钮，进入交换机的命令配置界面，如图 1-2-13 所示。

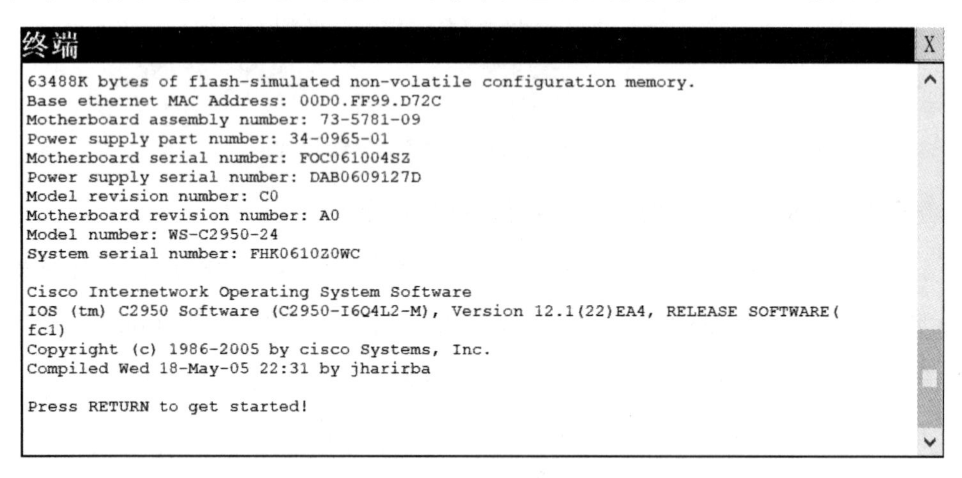

图 1-2-13 交换机配置界面

1.2.2 IOS 命令

1. 四种命令模式

Cisco IOS 主要包括四种不同的命令模式：User Exec（用户模式）、Privileged Exec（特权模式）、Global Configuration（全局模式）、Interface Configuration（接口模式）。

（1）用户模式。用户模式是权限最低的模式，用户通过命令可以查看一些网络设备的状态，没有对网络进行配置的权限，也不能修改网络设备的状态和控制信息。用户登录设备后，进入的就是用户模式。用户模式的命令提示符如下：

```
Swtich>
```

Switch 是交换机默认的主机名，用户可以在全局模式下通过 hostname 命令修改交换机的名字。

（2）特权模式。在用户模式下输入“enable”命令后可以进入特权模式。用户可以在特权模式下查看交换机或路由器的全部运行状态和统计信息，并可以进行文件管理和系统管理。特权模式的命令提示符如下：

```
Swtich#
```

（3）全局模式。在用户模式下输入“configure terminal”命令后可以进入全局模式。用户可以在全局模式下对网络进行配置，可以配置交换机或路由器的全局参数。全面模式的命令提示符如下：

```
Swtich(config)#
```

（4）接口模式。在全局模式下输入命令“interface 具体端口号”，进入交换机或路由器的接口模式。在接口模式下，用户可以对交换机或路由器的各自接口进行配置。接口模式的命令提示符如下：

```
Switch(config-if)#
```

四种模式转换代码如下：

```
Switch>
Switch>enable
Switch#config terminal
Switch(config)#interface fastEthernet 0/1
Switch(config-if)#
```

2. IOS 命令行规则

（1）在任何模式下，只要输入的命令行关键字能与统一模式下的其他命令完全区分开即可。例如，在全局模式下进入快速以太网的端口 1 的命令 interface fastEthernet 0/1 可以写成 int f0/1。

（2）帮助命令。在任何模式下输入“?”可以显示当前可用的全部命令。例如在特权模式下输入“? ”，显示的是特权模式下可以使用的命令。显示结果如图 1-2-14 所示。

```
Switch#?
Exec commands:
  <1-99>       Session number to resume
  clear        Reset functions
  clock        Manage the system clock
  configure    Enter configuration mode
  connect      Open a terminal connection
  copy         Copy from one file to another
  debug        Debugging functions (see also 'undebug')
  delete       Delete a file
  dir          List files on a filesystem
  disable      Turn off privileged commands
  disconnect   Disconnect an existing network connection
  enable       Turn on privileged commands
  erase        Erase a filesystem
  exit         Exit from the EXEC
  logout       Exit from the EXEC
  more         Display the contents of a file
  no           Disable debugging informations
  ping         Send echo messages
  reload       Halt and perform a cold restart
  resume       Resume an active network connection
  setup        Run the SETUP command facility
  show         Show running system information
  ssh          Open a secure shell client connection
  telnet       Open a telnet connection
  terminal     Set terminal line parameters
  traceroute   Trace route to destination
  undebug      Disable debugging functions (see also 'debug')
  vlan         Configure VLAN parameters
  write        Write running configuration to memory, network, or terminal
```

图 1-2-14　帮助命令

如果不会正确拼写某个命令，可以输入开始的几个字母后，输入"？"，交换机或路由器会提示相关匹配的命令。

（3）命令补全。在输入命令时，可以输入命令的部分字母，然后按【Tab】键进行命令补全。此时要确保以这些字母开头的命令只有一个。例如：

```
Switch#config t
```

输入"config t"时可以按【Tab】键，就会自动补全命令。

```
Switch#config terminal
```

第 2 章 交换机的配置与应用

2.1 交换机工作原理验证实验

交换机工作原理验证实验

一、实验目的

（1）掌握交换机的基本工作原理。

（2）掌握交换机建立 MAC 地址列表的方法。

二、实验内容

通过交换机组成局域网查看交换机的 MAC 地址表，理解交换机的工作原理。

三、实验原理

交换机工作在数据链路层，它根据 MAC 帧的目的地址对收到的数据帧进行转发。交换机具有过滤帧的功能。交换机收到一个 MAC 帧时，并不是向所有的端口转发此帧，而是先检查此帧的目的 MAC 地址，查找交换机的 MAC 地址表。MAC 地址表记录了网络中所有 MAC 地址与该交换机各端口的对应信息。通过 MAC 地址表可以得到该地址对应的端口，即知道具有该 MAC 地址的设备是连接在交换机的哪个端口上，然后交换机把数据帧从该端口转发出去。

交换机的 MAC 地址表是自动地、动态地、自治地建立的，即没有来自网络管理员或配置协议的任何干预。一个交换机开机后，首先地址表中除了静态绑定的内容以外，MAC 地址表中是空的。当交换机开始工作后，收到一个 MAC 地址表中不存在的 MAC 数据帧，它将不知道该从哪个端口转发出去。此时交换机就记下这个数据帧的源地址和进入交换机的端口，作为 MAC 地址表中的一个项目。把帧首部中的源地址写在“地址”这一栏的下面，把进入端口记录到对应的转发端口。这样做的原理是若从 A 发出的帧从端口 X 进入了交换机，那么从这个端口出发沿相反方向一定可以把一个帧传送到 A。若以后的数据帧的目的地址为 A，则可以直接把它转发到端口 X。例如，交换机从端口 1 收到一个源 MAC 地址为 aa-aa-aa-aa-aa-aa 的数据帧，如果交换机的 MAC 地址表中并不存在该 MAC 的条目，此时，交换机会在 MAC 地址表中建立一条该 MAC 与端口 1 相对应的条目。表示从端口 1 中发现 MAC 为 aa-aa-aa-aa-aa-aa 的主机，以后如果有数据包要发到这个主机，交换机就直接从端口 1 转发。

交换机自学习和转发帧的过程如下：

（1）自学习。交换机收到一帧后先进行自学习。查找转发表中是否有与收到帧的源地址相匹配的项目。如没有，就在转发表中增加一个项目（源地址、进入的端口和时间）；如有，则把原有的项目进行更新。

（2）转发帧。查找转发表中与收到帧的目的地址有无相匹配的项目，如没有，则通过所有其他端口（但进入交换机的端口除外）进行转发；如有，则按转发表中给出的端口进行转发，若转发表中给出的接口就是该帧进入交换机的端口，则应丢弃这个帧（因为这时不需要经过交换机进行转发）。

四、关键命令

1. 清除 MAC 表

```
clear mac-address-table
```

clear mac-address-table 在特权模式下应用，作用是清除交换机的 MAC 表（转发表）中的转发项。

2. 显示 MAC 表

```
show mac-address-table
```

show mac-address-table 在特权模式下应用，作用是显示交换机的 MAC 表（转发表）中的转发项。

五、实验设备

交换机（1 台）、实验用 PC（4 台）、直连双绞线（4 根）。

六、实验拓扑（见图 2-1-1）

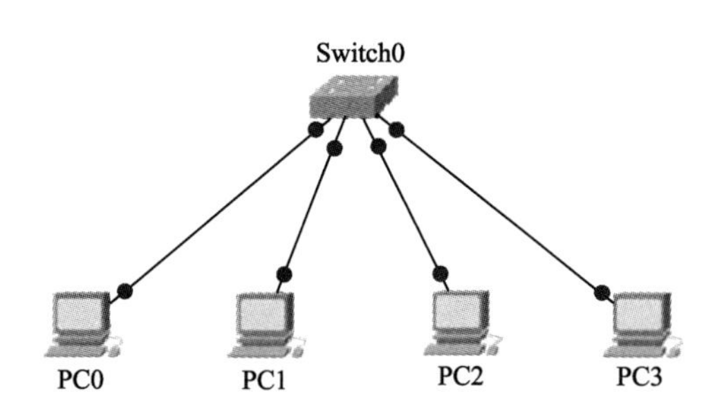

图 2-1-1　拓扑结构图

七、实验步骤

1. 按拓扑结构组成网络，配置计算机的 IP 地址

将 PC0、PC1、PC2、PC3 通过直通线分别接入交换机的 Fa0/1、Fa0/2、Fa0/11、Fa0/12 端口，并分别设置 IP 地址、子网掩码和网关，如表 2-1-1 所示。

表 2-1-1　四台计算机的网络配置情况

计算机	接口	IP 地址	子网掩码	网关
PC0	Fa0/1	192.168.1.2	255.255.255.0	192.168.1.1
PC1	Fa0/2	192.168.1.3	255.255.255.0	192.168.1.1
PC2	Fa0/11	192.168.1.4	255.255.255.0	192.168.1.1
PC3	Fa0/12	192.168.1.5	255.255.255.0	192.168.1.1

2. 用 ipconfig 命令得到每台计算机的 MAC 地址

在每台计算机的命令提示符下，使用 ipconfig 命令得到四台计算机的 MAC 地址，如表 2-1-2 所示。

表 2-1-2　四台计算机的 MAC 地址

设备	接口	MAC 地址
PC0	Fa0/1	00D0.FFED.C3AD
PC1	Fa0/2	0002.177E.AE54
PC2	Fa0/11	00E0.B092.0771
PC3	Fa0/12	00D0.D3BD.535E

八、结果验证

1. 用 show mac-address-table 命令展示 MAC 地址表（见图 2-1-2）

Switch0

物理 配置 命令行

IOS命令行

```
%LINK-5-CHANGED: Interface FastEthernet0/12, changed state to up

%LINEPROTO-5-UPDOWN: Line protocol on Interface FastEthernet0/12, changed state
to up


Switch>
Switch>enable
Switch#show mac-address-table
          Mac Address Table
-------------------------------------------

Vlan    Mac Address       Type        Ports
----    -----------       --------    -----

Switch#
```

复制 粘贴

图 2-1-2 运行结果 1

从运行结果可知，交换机的 Mac Address Table 包括四项：Vlan、Mac Address、Type 和 Ports。由于此时交换机刚刚启动，交换机尚未学习到相关的 MAC 地址与对应端口的关系，所以 Mac Address Table 的项目显示为空。

2. 计算机互相访问后，再次使用 show mac-address-table 命令展示 MAC 地址表

让计算机互相访问后，交换机就会通过自学习功能建立 MAC 地址表，如图 2-1-3 所示。第一列显示交换机的四个端口 Fa0/1、Fa0/2、Fa0/11、Fa0/12 均属于 VLAN 1，VLAN 1 是交换机默认的 VLAN。由于 PC0、PC1、PC2、PC3 分别与 Fa0/1、Fa0/2、Fa0/11、Fa0/12 端口相连，因此计算机 PC0、PC1、PC2、PC3 均属于 VLAN 1。第二列是交换机通过自学习得到的计算机的 MAC 地址。第三列 DYNAMIC 表示动态 MAC 地址表项。第四列是对应 MAC 地址连接的端口号。

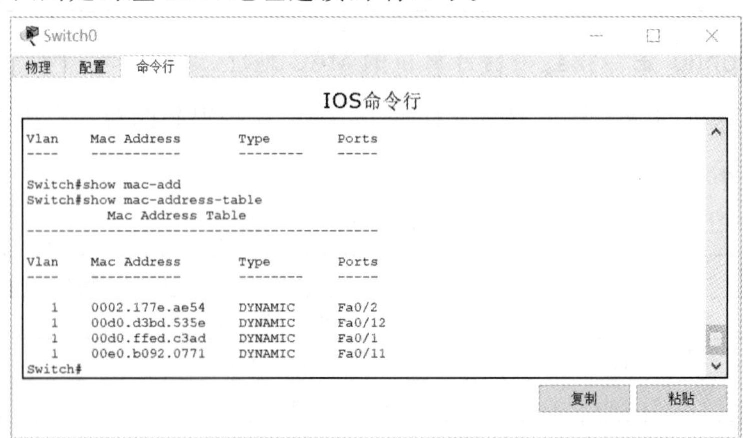

图 2-1-3 运行结果 2

3. 运行 clear mac-address-table 命令后，再查看 MAC 表

运行 clear mac-address-table 命令后，会清除交换机 MAC 表（转发表）中的转发项。运行结果如图 2-1-4 所示。

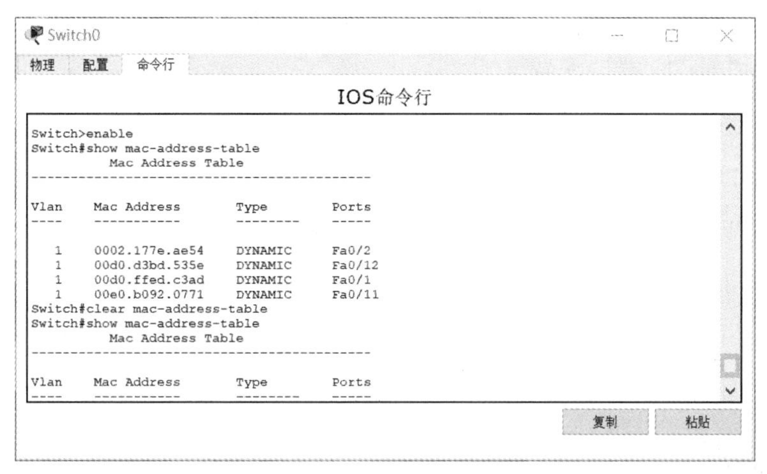

图 2-1-4　运行结果 3

九、思考题

为何要在计算机之间互相访问后，使用 show mac-address-table 命令时 MAC 表里才有具体的条目？

2.2　交换机的基本操作与配置

一、实验目的

（1）掌握交换机的基本配置方法。

（2）掌握交换机的基本配置命令。

二、实验内容

（1）交换机主机名配置、Console 端口密码、特权模式密码和远程登录密码配置。

（2）交换机的 IP 地址配置及交换机的远程登录。

三、实验原理

要对交换机进行配置，首先要用计算机作为终端连接并登录到交换机，然后通过计算机作为输入和输出设备对交换机进行配置。一般方式有：

（1）通过 Console 端口配置。

（2）Telnet 远程登录配置。

（3）利用 TFTP 服务器进行配置和备份。

（4）通过 Web 或网管软件进行配置。

通过 Console 端口配置交换机的方法在第一章网络基础部分已经进行了介绍。为了能够远程登录并配置交换机，需要给交换机配置一个管理接口，并需要给交换机接口分配 IP 地址。同时要启动远程交换机的登录功能，并为远程登录的用户设置鉴别信息。

四、关键命令

1. 配置交换机名称

```
hostname name
```

为交换机指定名称，参数 *name* 是作为名称的字符串。

2. 配置特权模式密码

```
enable password password
enable secret password
```

enable password 设置的是明文的密码，enable secret 设置的是密文的密码。

3. 配置 console 口密码

```
Switch (config)#line console 0
Switch (config-line)#password password
Switch (config-line)#login
```

进入 console 端口时进行密码认证，如果没有正确的密码，无法通过 console 口连入交换机。该操作可以防止本地用户通过 console 端口对交换机进行未授权的登录和配置。login 表示启用密码，不能省略。

4. 配置虚拟终端远程登录密码

```
Switch (config)#line vty 0 4
Switch (config-line)#password password
Switch (config-line)#login
```

VTT（Virtual Teletype Terminal）是虚拟终端；0 4 表示最多支持 5 个对话；login 表示启用密码，不能省略。

5. 配置交换机管理地址

```
ip address ip-address subnet-mask
```

ip-address 参数配置的是 IP 地址；*subnet-mask* 配置的是 IP 地址对应的子网掩码。在二层交换机中，所有的端口不能配置 IP 地址。为了给交换机配置管理 IP 地址，可以给交换机默认 VLAN 配置 IP 地址，也就是给 VLAN 1 配置 IP 地址。首先用 interface vlan 1 命令进入 vlan 1 接口，然后再用 ip address 命令配置管理 IP 地址。

6. 开启交换机的端口或 IP 接口

```
no shutdown
```

no shutdown 命令用于开启交换机的端口或 IP 接口。与之对应的命令是 shutdown，用于关闭交换机的端口或 IP 接口。

五、实验设备

交换机（1 台）、实验用 PC（1 台）、直连双绞线（1 根）、Console 配置线缆（1 根）。

六、实验拓扑（见图 2-2-1）

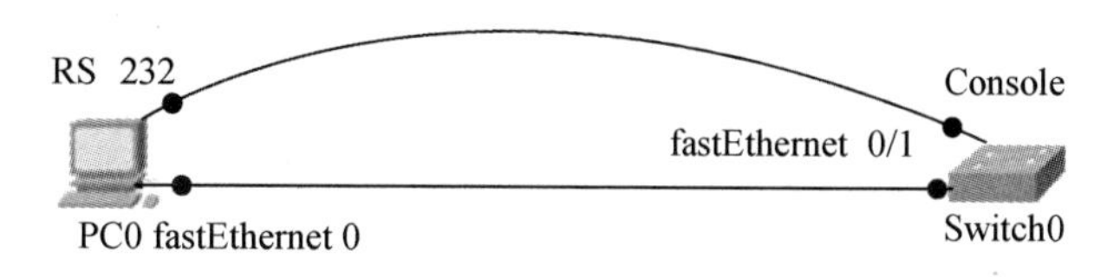

图 2-2-1　拓扑结构图

七、实验步骤

1. 按拓扑结构组成网络，配置计算机的 IP 地址

通过 Console 配置线缆将计算机 PC0 和 Switch0 交换机相连，一端连计算机的 RS 232 接口，一端连交换机的 Console 口。

通过直通线将计算机 PC0 的网卡接口 fastEthernet 0 与交换机的 fastEthernet 0/1 接口相连。设置计算机 PC0 的 IP 地址、子网掩码、网关，如表 2-2-1 所示。

表 2-2-1 计算机的网络配置情况

计 算 机	接 口	IP 地址	子 网 掩 码	网 关
PC0	Fa0/1	192.168.1.2	255.255.255.0	192.168.1.1

2. 登录交换机

单击 PC0 图标，打开计算机的配置界面，选择“桌面”选项卡，然后单击“终端”按钮，选择默认参数，单击“确定”按钮后进入交换机的配置页面。

3. 配置交换机的名称

```
Switch>
Switch>enable
Switch#config terminal
Switch(config)#hostname bdlg
```

4. 配置密码

步骤 1：配置 console 口密码

```
bdlg(config)#line console 0
bdlg(config-line)#password cisco123
bdlg(config-line)#login
bdlg(config-line)#exit
```

步骤 2：配置特权模式密码

```
bdlg(config)#enable password cisco456
```

步骤 3：配置远程登录密码

```
bdlg(config)#line vty 0 4
bdlg(config-line)#password cisco789
bdlg(config-line)#login
bdlg(config-line)#exit
```

5. 配置交换机的管理地址

```
bdlg(config)#interface vlan 1
bdlg(config-if)#ip address 192.168.1.254 255.255.255.0
bdlg(config-if)#no shutdown
bdlg(config-if)#exit
bdlg(config)#exit
bdlg#
```

6. 保存配置

```
bdlg#write memory
```

八、结果验证

1. 测试密码

单击待测试的计算机图标，选择“桌面”选项卡，单击“终端”按钮，选择终端默认参数，单击“确定”按钮后，计算机通过 console 口连入交换机，提示如下：

```
User Access Verification
Password:
```

此处输入设置的开机密码：cisco123。

按【Enter】键进入交换机的用户模式：

```
bdlg>
```

输入 enable 命令后，提示输入密码进入特权模式。

此处输入 cisco456 后进入特权模式，如图 2-2-2 所示。

图 2-2-2　密码测试结果

2. 远程登录

单击图 2-2-1 中的 PC0 图标，选择“桌面”选项卡，单击“命令提示符”按钮，打开“命令提示符”界面。在命令行里输入：telnet 192.168.1.254，在提示密码处输入设置的远程登录密码：cisco789，如图 2-2-3 所示，进入交换机的用户模式。

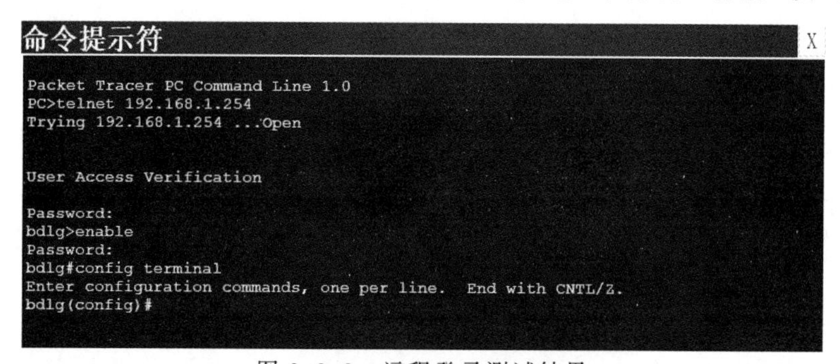

图 2-2-3　远程登录测试结果

九、思考题

一种是通过终端登录，一种是通过“命令提示符”对话框登录，二者有什么区别？

2.3 交换机端口安全的配置与应用

一、实验目的

掌握端口安全配置方法与应用。

二、实验内容

配置交换的 Fa0/1 端口只能允许某一 MAC 地址的计算机访问，若其他计算机访问则端口自动关闭。

三、实验原理

在建设校园网或园区网时，往往为了网络安全，会对接入的计算机进行限制，只有通过认证的计算机才能接入并且访问网络。可以使用计算机的端口安全设置达到根据 MAC 地址对网络流量进行控制和管理的目的。例如：限制交换机每个端口下接入主机的数量（MAC 地址数量）；限定交换机端口下所连接的主机（MAC 地址进行过滤）；当出现违例时间时能够检测到，并可采取自动关闭等措施。

四、关键命令

1. 设置某端口的安全性

```
swichport port-security
```

进入端口后，激活端口安全功能。

2. 给某个端口设置安全的 mac 地址

```
swichport  port-security mac-address mac-address
```

mac-address 参数设定的是该端口运行的 mac 地址，也就是连入本接口的计算机

的 mac 地址。

3. 设置某个端口允许最多的 MAC 地址数量

```
swichport port-security maximum  number
```

参数 *number* 为本端口所运行的最多 mac 地址数量，可以有 1～132 个安全的地址。

4. 设置端口违规时的措施

```
swichport port-security violation{shutdown|restrict|protect}
```

设置交换机端口一旦出现违反端口安全的情况时，交换机采取相应的措施，参数有三个，具体内容如下：

shutdown：立即关闭端口，默认模式。

restrict：丢弃所有来自未知 MAC 地址的信息包，并发送一个消息给网管计算机。

protect：丢弃所有来自未知 MAC 地址的信息包。

5. 在特权模式下查看某端口安全信息

```
show port-security interface {端口名}
```

五、实验设备

交换机（1 台）、实验用 PC（3 台）、直连双绞线（3 根）、交叉双绞线（1 根）。

六、实验拓扑（见图 2-3-1）

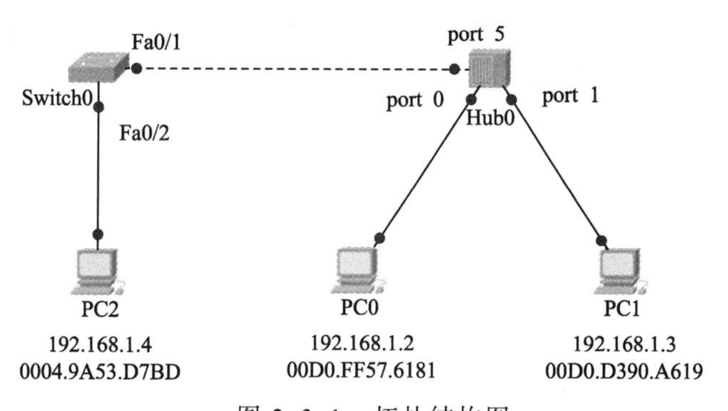

图 2-3-1　拓扑结构图

七、实验步骤

1. 按拓扑结构组成网络，配置计算机的 IP 地址

将 PC0、PC1 分别接入集线器的 Port 0 和 Port 1 端口；PC2 接入交换机 Switch 0 的

Fa0/2 端口。用交叉线分别连接交换机的 Fa0/2 端口和集线器的 Port 5 端口。计算机 PC0、PC1、PC2 的 IP 地址、MAC 地址如表 2-3-1 所示。

表 2-3-1　三台计算机的网络配置情况

计　算　机	接　　口	IP 地址	子 网 掩 码	网　　关	MAC 地址
PC0	Port 0	192.168.1.2	255.255.255.0	192.168.1.1	00D0.FF57.6181
PC1	Port 1	192.168.1.3	255.255.255.0	192.168.1.1	00D0.D390.A619
PC2	Fa0/2	192.168.1.4	255.255.255.0	192.168.1.1	0004.9A53.D7BD

2. 配置端口安全前的连通性测试

IP 设置无误后，在 PC0、PC1 上分别用 ping 命令测试与 PC2 的连通性，此时 PC0、PC1 和 PC2 均能连通。进入交换机特权模式，输入 show mac-address-table 命令，结果如图 2-3-2 所示。由图中结果可知，PC0（00D0.FF57.6181）、PC1（00D0.D390.A619）均通过集线器连入交换机 Switch0 的 Fa0/1 接口，此时没有对端口的安全性进行配置，因此端口可以被多台计算机使用。

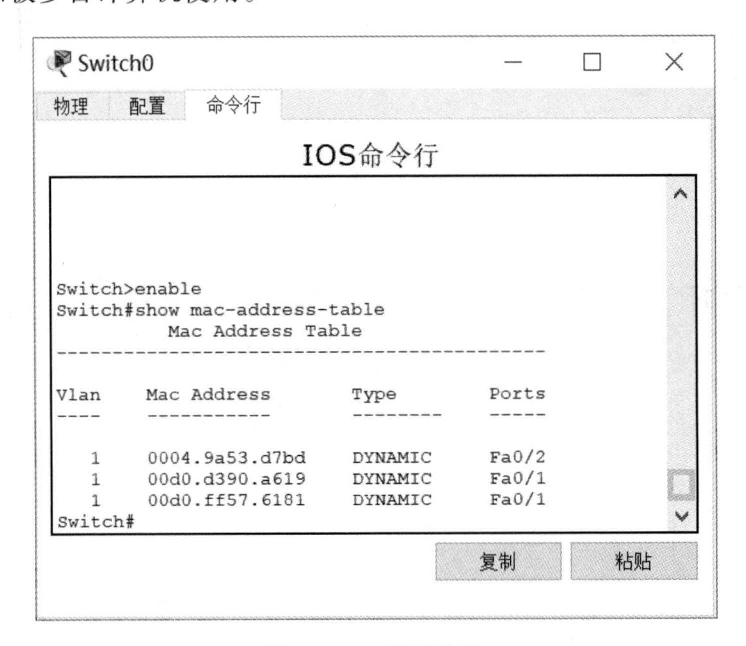

图 2-3-2　测试结果

3. 配置交换机端口安全

```
Switch>enable
Switch#config terminal
Switch(config)#interface fastEthernet 0/1
Switch(config-if)#switchport mode access
Switch(config-if)#switchport port-security
```

```
Switch(config-if)#switchport port-security maximum 1
Switch(config-if)#switchport port-security violation shutdown
Switch(config-if)#switchport port-security mac-address 00D0.FF57.6181
Switch(config-if)#no shutdown
Switch(config-if)#exit
Switch(config)#exit
Switch#
```

4．保存配置

```
Switch#write memory
```

八、结果验证

1．测试 PC0 与 PC2 的连通性

在 PC0 计算机上，用 ping 命令测试与 PC2 的连通性，运行结果如图 2-3-3 所示。开启了 Switch0 的 Fa0/1 的端口安全后，在 PC0 计算机仍能通过 Fa0/1 端口连接 PC2。

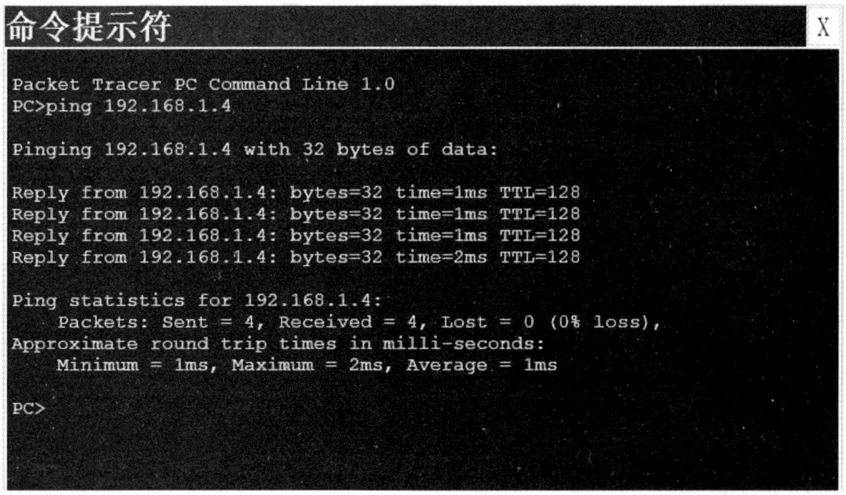

```
命令提示符                                                    X

Packet Tracer PC Command Line 1.0
PC>ping 192.168.1.4

Pinging 192.168.1.4 with 32 bytes of data:

Reply from 192.168.1.4: bytes=32 time=1ms TTL=128
Reply from 192.168.1.4: bytes=32 time=1ms TTL=128
Reply from 192.168.1.4: bytes=32 time=1ms TTL=128
Reply from 192.168.1.4: bytes=32 time=2ms TTL=128

Ping statistics for 192.168.1.4:
    Packets: Sent = 4, Received = 4, Lost = 0 (0% loss),
Approximate round trip times in milli-seconds:
    Minimum = 1ms, Maximum = 2ms, Average = 1ms

PC>
```

图 2-3-3 测试结果

2．测试 PC1 与 PC2 的连通性

在计算机 PC1 上，用 ping 命令测试与计算机 PC2 的连通性，运行结果如图 2-3-4 所示。此时不能连通，并且交换机的 Fa0/1 端口由绿色变成红色。因为开启了 Switch0 的 Fa0/1 的端口安全，设置 Fa0/1 端口仅能连接一个设备，并且可以连接设备的 MAC 地址是 00D0.FF57.6181，由于 PC1 的 MAC 地址与 00D0.FF57.6181 不同，因此触发端口安全规则，端口关闭，此时不能 ping 通。

```
命令提示符                                                    X

Packet Tracer PC Command Line 1.0
PC>ping 192.168.1.4

Pinging 192.168.1.4 with 32 bytes of data:

Request timed out.
Request timed out.
Request timed out.
Request timed out.

Ping statistics for 192.168.1.4:
    Packets: Sent = 4, Received = 0, Lost = 4 (100% loss),

PC>
```

图 2-3-4　测试结果

3. 重新开启关闭的端口

如果要开启交换机的 Fa0/1 端口，必须要求在 Fa0/1 的端口模式下先运行 shutdown 命令，再运行 no shutdown 命令。

九、思考题

启用端口安全后，如何设置某一端口能接收两个固定的 MAC 地址？

2.4　单交换机 VLAN 的配置与应用

一、实验目的

（1）理解端口 VLAN（Port VLAN）的功能和原理。

（2）掌握端口 VLAN（Port VLAN）的配置和应用。

二、实验内容

（1）将交换机 1～10 号端口划分到 VLAN 10；11～20 号端口划分到 VLAN 20。

（2）将 4 台计算机连入不同的 VLAN，验证 VLAN 之间的通信。

三、实验原理

VLAN（Virtual Local Area Network）的中文名为“虚拟局域网”。虚拟局域网（VLAN）是一组逻辑上的设备和用户，这些设备和用户并不受物理位置的限制，可以根据功能、部门及应用等因素将它们组织起来，相互之间的通信就好像它们在同一个网段中一样。物理位置不同的多个主机如果属于同一个 VLAN，则这些主机之间可以相互通信。物理位置相同的多个主机如果属于不同的 VLAN，则这些主机之间不能直接通信。

基于端口的 VLAN 是最常应用的一种 VLAN 划分方法，应用也最广泛、最有效，目前绝大多数 VLAN 协议的交换机都提供这种 VLAN 配置方法。这种划分 VLAN 的方法是根据以太网交换机的交换端口来划分的，它是将 VLAN 交换机上的物理端口和 VLAN 交换机内部的 PVC（永久虚电路）端口分成若干组，每个组构成一个虚拟网，相当于一个独立的 VLAN 交换机。

这种划分方法的优点是定义 VLAN 成员时非常简单，只要将所有的端口都定义为相应的 VLAN 组即可。其优点是适合于任何大小的网络，缺点是如果某用户离开了原来的端口，到一个新交换机的某个端口，必须重新定义。

对于交换机来说，是根据 VLAN 标签（VLAN ID）来区分不同 VLAN 的以太网帧的。VLAN ID 的标签是在数据进入交换机端口时打上的，在标准的以太网帧的源地址 SA 和类型 Type 之间打上 Tag 标签，此 Tag 标签中含有 VLAN ID，VLAN ID 的范围为 1～4 096，去掉作为保留 vlan 的 vlan1 和 vlan4 096，实际可用的 vlan ID 个数为 4 094 个。

设置端口 VLAN 时需要考虑两个问题：一是 VLAN ID，每一个 VLAN 都需要一个唯一的 VLAN ID（VLAN 号），不同类型的交换机在进行端口 VLAN 设置时，所提供的 VLAN ID 的值可能不同；二是 VLAN 所包含的成员端口。

四、关键命令

1. 创建 VLAN

```
vlan vlan-id
```

创建编号为 *vlan-id* 的 VLAN。*vlan-id* 的取值范围为 1～4 094，不同的 *vlan-id* 标识不同的 VLAN，一个交换机最多支持 250 个 VLAN。交换机在初始配置下，所有的端口都属于默认的 VLAN，*vlan-id* 的值为 1。

2. 给 VLAN 命名

```
name name
```

参数 *name* 是用户为 VLAN 分配的名字，一般要便于理解、记忆和具有一定意义。

3. 进入交换机的端口

```
interface port
```

进入由参数 *port* 指定的交换机端口对应的接口配置模式。例如：

```
Switch(config)#interface fastEthernet 0/1
```

以上命令是进入交换机的快速以太网 0 模块的 1 号端口。

4. 将端口划分到指定的 VLAN

```
switchport access vlan vlan-id
```

将当前的端口划分到由 *vlan-id* 指定的 VLAN。

五、实验设备

交换机（1 台）、实验用 PC（4 台）、直连双绞线（4 根）。

六、实验拓扑（见图 2-4-1）

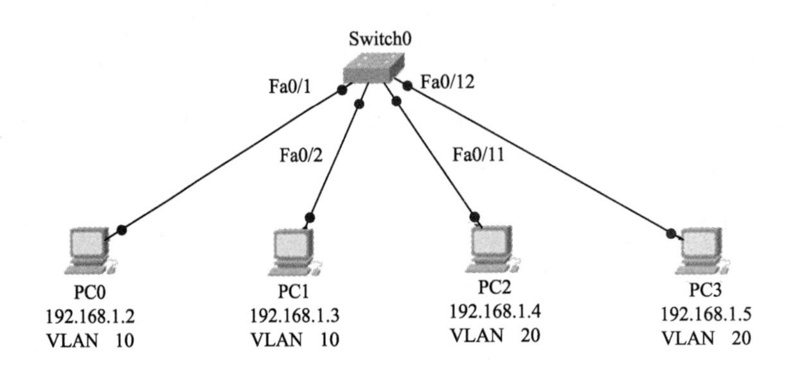

图 2-4-1　拓扑结构图

七、实验步骤

1. 按拓扑结构组成网络，配置计算机的 IP 地址

将 PC0、PC1、PC2、PC3 通过直通线分别接入交换机的 Fa0/1、Fa0/2、Fa0/11、Fa0/12 端口，并分别设置 IP 地址、子网掩码、网关，如表 2-4-1 所示。

表2-4-1　四台计算机的配置情况

计　算　机	接　　口	IP地址	子网掩码	网　　关
PC0	Fa0/1	192.168.1.2	255.255.255.0	192.168.1.1
PC1	Fa0/2	192.168.1.3	255.255.255.0	192.168.1.1
PC2	Fa0/11	192.168.1.4	255.255.255.0	192.168.1.1
PC3	Fa0/12	192.168.1.5	255.255.255.0	192.168.1.1

此时用ping命令测试PC0、PC1、PC2、PC3之间的连通性，可发现4台计算机之间是可以访问的。

2. 创建VLAN

```
Switch>enable
Switch#config t
Switch#config terminal
Switch(config)#vlan 10
Switch(config-vlan)#name V10
Switch(config-vlan)#exit
Switch(config)#vlan 20
Switch(config-vlan)#name v20
Switch(config-vlan)#exit
Switch(config)#
```

3. 将端口划分到VLAN

步骤1：将交换机1～10号端口划分到VLAN 10。

```
Switch(config)#interface fastEthernet 0/1
Switch(config-if)#switchport access vlan 10
Switch(config-if)#exit
Switch(config)#interface fastEthernet 0/2
Switch(config-if)#switchport access vlan 10
Switch(config-if)#exit
```

用同样的方法分别进入端口3～10，并划分到VLAN 10中。

步骤2：将交换机11～20号端口划分到VLAN 20。

```
Switch(config)#interface fastEthernet 0/11
Switch(config-if)#switchport access vlan 20
Switch(config-if)#exit
Switch(config)#interface fastEthernet 0/12
Switch(config-if)#switchport access vlan 20
Switch(config-if)#exit
```

用同样的方法分别进入端口13～20，并划分到VLAN 20中。

若交换机多个连续端口同时配置，可以使用 range 关键字。例如一次性把 13～20 号端口划分到 VLAN 20，可以用以下命令：

```
Switch(config)#interface range fastEthernet 0/13-20
Switch(config-if-range)#switchport access vlan 20
```

4. 保存配置

```
Switch#write memory
```

八、结果验证

1. 测试 PC0 与 PC1、PC2、PC3 的连通性

在 PC0 计算机上，用 ping 命令分别测试与 PC1、PC2、PC3 的连通性。PC0 与 PC1 测试结果如图 2-4-2 所示，可以看出 PC0 与 PC1 是连通的；PC0 与 PC2 测试结果如图 2-4-3 所示，可以看出 PC0 与 PC2 是不通的。由此可以验证属于同一 VLAN 的计算机是可以通信的，属于不同 VLAN 的计算机是不能进行通信的。

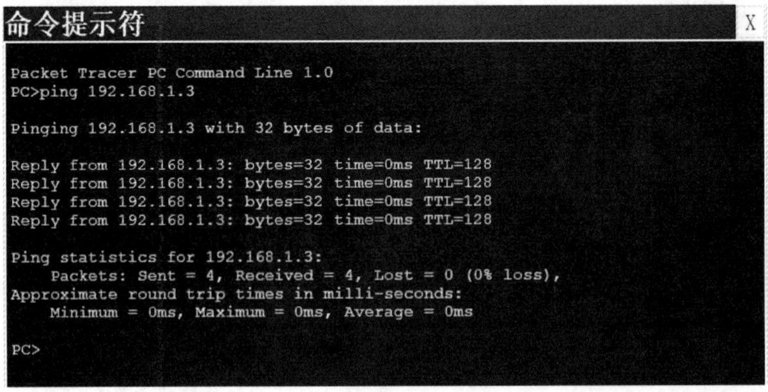

```
命令提示符                                                   X
Packet Tracer PC Command Line 1.0
PC>ping 192.168.1.3

Pinging 192.168.1.3 with 32 bytes of data:

Reply from 192.168.1.3: bytes=32 time=0ms TTL=128
Reply from 192.168.1.3: bytes=32 time=0ms TTL=128
Reply from 192.168.1.3: bytes=32 time=0ms TTL=128
Reply from 192.168.1.3: bytes=32 time=0ms TTL=128

Ping statistics for 192.168.1.3:
    Packets: Sent = 4, Received = 4, Lost = 0 (0% loss),
Approximate round trip times in milli-seconds:
    Minimum = 0ms, Maximum = 0ms, Average = 0ms

PC>
```

图 2-4-2　测试结果（1）

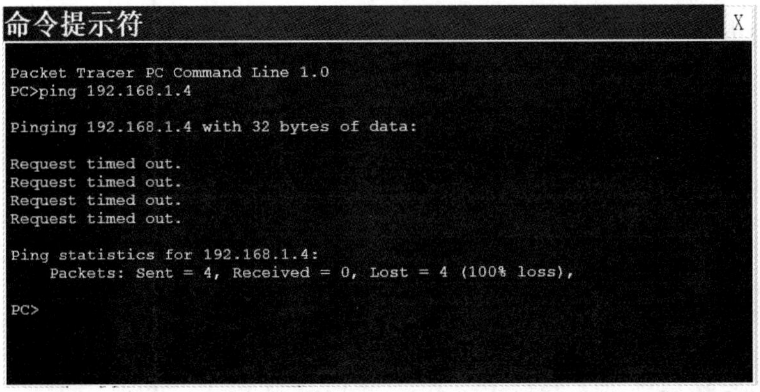

```
命令提示符                                                   X
Packet Tracer PC Command Line 1.0
PC>ping 192.168.1.4

Pinging 192.168.1.4 with 32 bytes of data:

Request timed out.
Request timed out.
Request timed out.
Request timed out.

Ping statistics for 192.168.1.4:
    Packets: Sent = 4, Received = 0, Lost = 4 (100% loss),

PC>
```

图 2-4-3　测试结果（2）

2. 测试 PC3 与 PC0、PC1、PC2 的连通性

按照上述方法进行测试即可。

九、思考题

为什么在配置 VLAN 前 4 台计算机之间可以互相访问，而划分 VLAN 后不同 VLAN 的计算机不能互相访问？

2.5　多交换机 VLAN 的配置与应用

多交换机 VLAN 的配置与应用

一、实验目的

（1）理解多交换机之间 VLAN 的特点。

（2）掌握多交换机之间 VLAN 的配置和应用。

二、实验内容

（1）将两台交换机 1～10 号端口划分到 VLAN 10，11～20 号端口划分到 VLAN 20。

（2）将两台交换机的 24 号端口级联起来。

（3）将 4 台计算机连入不同的交换机和不同的 VLAN，验证 VLAN 之间的通信。

三、实验原理

VLAN 常用的链路类型有 Access 和 Trunk。Access 链路类型的特点是只允许缺省的 VLAN 通过，同时仅发送和接收一个 VLAN 的数据帧，所以 Access 链路类型一般适用于连接用户设备，也就是交换机直接连 PC 使用 Access 链路；Trunk 链路类型允许多个 VLAN 通过，可以接收和发送多个 VLAN 的数据帧，Trunk 链路类型一般适用于用户交换机之间的连接。

交换机的端口也分为 Access 模式和 Trunk 模式，Access 模式的端口只能属于 1 个 VLAN，一般用于连接计算机的端口；Trunk 模式的端口可以属于多个 VLAN，可以接收和发送多个 VLAN 的报文，一般用于交换机之间连接的端口。

四、关键命令

设置交换机端口的模式

```
switchport mode trunk/access
```

参数 *trunk* 设置的是端口级联模式，参数 *access* 设置的是端口接入模式。

五、实验设备

交换机（2 台）、实验用 PC（4 台）、直连双绞线（4 根）、交叉双绞线（1 根）。

六、实验拓扑（见图 2-5-1）

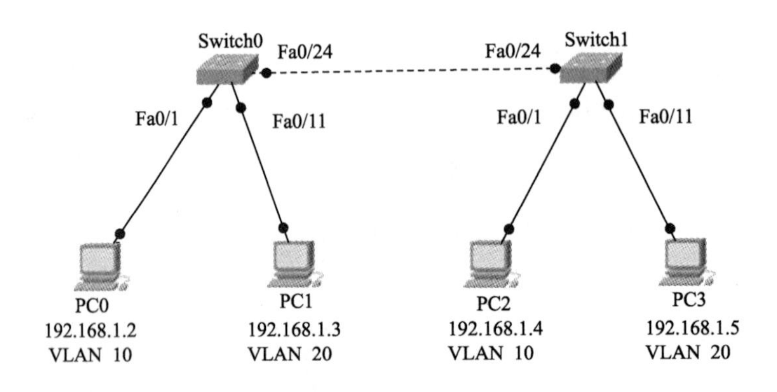

图 2-5-1 拓扑结构图

七、实验步骤

1. 按拓扑结构组成网络，配置计算机的 IP 地址

将 PC0、PC1 通过直通线分别接入交换机 Switch0 的 Fa0/1、Fa0/11 端口，将 PC2、PC3 通过直通线分别接入交换机 Switch1 的 Fa0/1、Fa0/11 端口，并分别设置 IP 地址、子网掩码、网关，如表 2-5-1 所示。

表 2-5-1 四台计算机的配置情况

交换机	计算机	接口	IP 地址	子网掩码	网关
Switch0	PC0	Fa0/1	192.168.1.2	255.255.255.0	192.168.1.1
Switch0	PC1	Fa0/11	192.168.1.3	255.255.255.0	192.168.1.1
Switch1	PC2	Fa0/1	192.168.1.4	255.255.255.0	192.168.1.1
Switch1	PC3	Fa0/11	192.168.1.5	255.255.255.0	192.168.1.1

2．交换机 Switch0 上创建 VLAN 10，并将 Fa0/1～Fa0/10 划分到 VLAN10

```
Switch>
Switch>enable
Switch#config terminal
Switch(config)#vlan 10
Switch(config-vlan)#name V10
Switch(config-vlan)#exit
Switch(config)#interface fastEthernet 0/1
Switch(config-if)#switchport access vlan 10
Switch(config-if)#exit
```

说明：用同样的方法分别进入到端口 Fa0/2～Fa0/10，并划分到 VLAN 10 中。或使用 range 关键字，一次性把 Fa0/2～Fa0/10 端口划分到 VLAN 10，可以用以下命令：

```
Switch(config)#interface range fastEthernet 0/2-10
Switch(config-if-range)#switchport access vlan 10
```

3．在交换机 Switch0 上创建 VLAN 20，并将 Fa0/11～Fa0/20 划分到 VLAN20

```
Switch(config)#vlan 20
Switch(config-vlan)#name V20
Switch(config-vlan)#exit
Switch(config)#interface fastEthernet 0/11
Switch(config-if)#switchport access vlan 20
Switch(config-if)#exit
Switch(config)#
```

说明：用同样的方法分别进入端口 Fa0/12～Fa0/20，并划分到 VLAN 20 中。或使用 range 关键字，一次性把 Fa0/12～Fa0/20 端口划分到 VLAN 20，可以用以下命令：

```
Switch(config)#interface range fastEthernet 0/12-20
Switch(config-if-range)#switchport access vlan 20
```

4．将交换机 Switch0 的 Fa0/24 设为 Trunk 模式

```
Switch(config)#interface fastEthernet 0/24
Switch(config-if)#switchport mode trunk
```

5．保存配置

```
Switch#write memory
```

6．在交换机 Switch1 上创建 VLAN 10，并将 Fa0/1～Fa0/10 划分到 VLAN10

```
Switch>
Switch>enable
Switch#config terminal
```

```
Switch(config)#vlan 10
Switch(config-vlan)#name V10
Switch(config-vlan)#exit
Switch(config)#interface fastEthernet 0/1
Switch(config-if)#switchport access vlan 10
Switch(config-if)#exit
```

说明：用同样的方法分别进入端口 Fa0/2～Fa0/10，并划分到 VLAN 10 中。或使用 range 关键字，一次性把 Fa0/2～Fa0/10 端口划分到 VLAN 10，可以用以下命令：

```
Switch(config)#interface range fastEthernet 0/2-10
Switch(config-if-range)#switchport access vlan 10
```

7. 在交换机 Switch1 上创建 VLAN 20，并将 Fa0/11～Fa0/20 划分到 VLAN20

```
Switch(config)#vlan 20
Switch(config-vlan)#name V20
Switch(config-vlan)#exit
Switch(config)#interface fastEthernet 0/11
Switch(config-if)#switchport access vlan 20
Switch(config-if)#exit
Switch(config)#
```

说明：用同样的方法分别进入端口 Fa0/12～Fa0/20，并划分到 VLAN 20 中。或使用 range 关键字，一次性把 Fa0/12～Fa0/20 端口划分到 VLAN 20，可以用以下命令：

```
Switch(config)#interface range fastEthernet 0/12-20
Switch(config-if-range)#switchport access vlan 20
```

8. 将交换机 Switch1 的 Fa0/24 设为 Trunk 模式

```
Switch(config)#interface fastEthernet 0/24
Switch(config-if)#switchport mode trunk
```

9. 保存配置

```
Switch#write memory
```

八、结果验证

1. 测试 PC0 与 PC1、PC2、PC3 的连通性

可以 ping 命令进行测试 PC0 与 PC1、PC2、PC3 的连通性。PC0 与 PC1 测试结果如图 2-5-2 所示，可以看出 PC0 与 PC1 是不通的，虽然 PC0 与 PC1 都在同一个交换机 Switch0 上。

命令提示符

```
Packet Tracer PC Command Line 1.0
PC>ping 192.168.1.3

Pinging 192.168.1.3 with 32 bytes of data:

Request timed out.
Request timed out.
Request timed out.
Request timed out.

Ping statistics for 192.168.1.3:
    Packets: Sent = 4, Received = 0, Lost = 4 (100% loss),

PC>
```

图 2-5-2　测试结果

PC0 与 PC2 测试结果如图 2-5-3 所示，可以看出 PC0 与 PC2 是通的，虽然 PC0 与 PC2 分别在交换机 Switch0 和 Switch1 上。

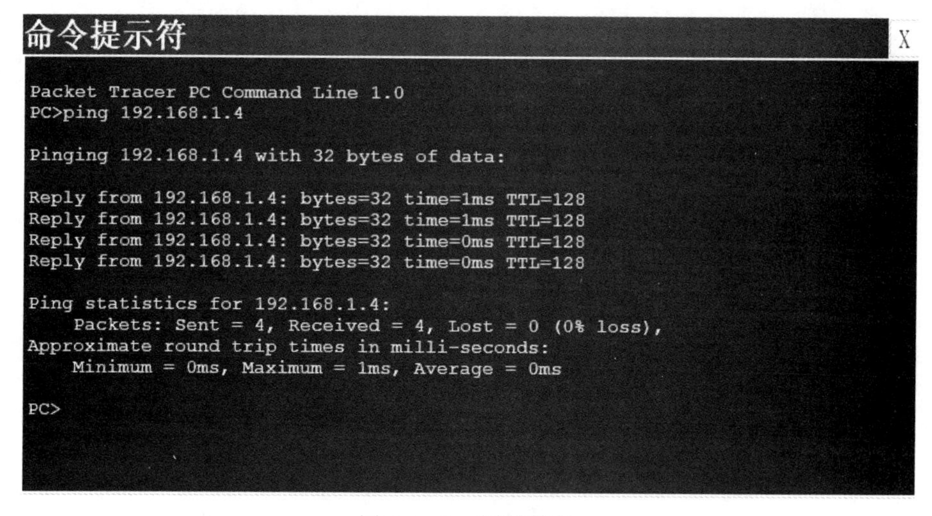

图 2-5-3　测试结果

2. 测试 PC2 与 PC0、PC1、PC3 的连通性

按照上述方法进行测试即可。

九、思考题

交换机的级联端口为什么允许所有 VLAN 的数据通过，如果不设置成 Trunk 模式可以完成不同交换机相同 VLAN 之间的访问吗？

2.6 三层交换机实现 VLAN 之间的通信

一、实验目的

（1）掌握三层交换机实现 VLAN 之间通信的原理。

（2）掌握三层交换机实现 VLAN 之间通信的配置方法与应用。

二、实验内容

（1）将两台交换机 1～10 号端口划分到 VLAN 10，11～20 号端口划分到 VLAN 20。

（2）将两台交换机的 24 号端口分别与三层交换的 1、2 号端口级联起来。

（3）将 4 台计算机连入不同的交换机和不同的 VLAN，验证 VLAN 之间的通信。

三、实验原理

二层交换机工作于计算机网络体系结构 OSI 模型的第 2 层（数据链路层），因此被称为二层交换机。二层交换机属于数据链路层设备，可以识别数据帧中的 MAC 地址信息，根据 MAC 地址进行转发，并将这些 MAC 地址与对应的端口记录在自己内部的一个地址表中。三层交换机工作在计算机网络体系结构 OSI 模型的第三层（网络层），三层交换机具有路由功能。三层交换机最重要目的是加快大型局域网内部的数据交换，所具有的路由功能也是为这一目的服务的，能够做到一次路由，多次转发。在基于端口的 VLAN 中，不同 VLAN 之间的端口是无法实现通信的。如果要实现不同 VLAN 之间的通信，一般需要使用路由器或三层交换机，在目前的应用中以三层交换机居多。本实验将通过三层交换机来实现不同 VLAN 之间的通信，需要在三层交换机上创建虚拟接口并配置 IP 地址，虚拟接口的 IP 地址将作为本 VLAN 中计算机的网关地址。由于三层交换机上同时配置多个虚拟接口地址，因此可以连接多个不同的网络，使之可以互相通信。

四、关键命令

1. 创建虚拟接口，配置 IP 地址

```
Switch(config)#interface vlan vlan-id
Switch(config-if)#ip address ip-address subnet-mask
```

```
Switch(config-if)#no shutdown
```

2. 启用三层交换机的路由功能

```
ip routing
```

ip routing 是全局模式下使用的命令，该命令的作用是启用三层交换机的 IP 分组路由功能。

五、实验设备

三层交换机（1 台）、二层交换机（2 台）、实验用 PC（4 台）、直连双绞线（4 根）、交叉双绞线（2 根）。

六、实验拓扑（见图 2-6-1）

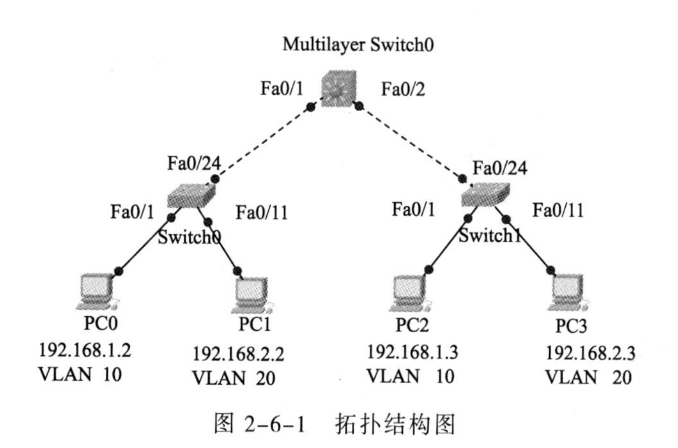

图 2-6-1　拓扑结构图

七、实验步骤

1. 按拓扑结构组成网络，配置计算机的 IP 地址

将 PC0、PC1 通过直通线分别接入交换机 Switch0 的 Fa0/1、Fa0/11 端口，将 PC2、PC3 通过直通线分别接入交换机 Switch1 的 Fa0/1、Fa0/11 端口，并分别设置 IP 地址、子网掩码、网关，如表 2-6-1 所示。

表 2-6-1　四台计算机的配置情况

交换机	计算机	接口	IP 地址	子网掩码	网关
Switch0	PC0	Fa0/1	192.168.1.2	255.255.255.0	192.168.1.1
Switch0	PC1	Fa0/11	192.168.2.2	255.255.255.0	192.168.2.1
Switch1	PC2	Fa0/1	192.168.1.3	255.255.255.0	192.168.1.1
Switch1	PC3	Fa0/11	192.168.2.3	255.255.255.0	192.168.2.1

2. 在交换机 Switch0 上创建 VLAN 10，并将 Fa0/1～Fa0/10 划分到 VLAN10

```
Switch>
Switch>enable
Switch#config terminal
Switch(config)#vlan 10
Switch(config-vlan)#name V10
Switch(config-vlan)#exit
Switch(config)#interface fastEthernet 0/1
Switch(config-if)#switchport access vlan 10
Switch(config-if)#exit
```

说明：用同样的方法分别进入端口 Fa0/2～Fa0/10，并划分到 VLAN 10 中。或使用 range 关键字，一次性把 Fa0/2～Fa0/10 端口划分到 VLAN 10，可以用以下命令：

```
Switch(config)#interface range fastEthernet 0/2-10
Switch(config-if-range)#switchport access vlan 10
```

3. 在交换机 Switch0 上创建 VLAN 20，并将 Fa0/11～Fa0/20 划分到 VLAN20

```
Switch(config)#vlan 20
Switch(config-vlan)#name V20
Switch(config-vlan)#exit
Switch(config)#interface fastEthernet 0/11
Switch(config-if)#switchport access vlan 20
Switch(config-if)#exit
Switch(config)#
```

说明：用同样的方法分别进入到端口 Fa0/12～Fa0/20，并划分到 VLAN 20 中。或使用 range 关键字，一次性把 Fa0/12～Fa0/20 端口划分到 VLAN 20，可以用以下命令：

```
Switch(config)#interface range fastEthernet 0/12-20
Switch(config-if-range)#switchport access vlan 20
```

4. 在交换机 Switch0 的 Fa0/24 设为 Trunk 模式

```
Switch(config)#interface fastEthernet 0/24
Switch(config-if)#switchport mode trunk
```

5. 保存配置

```
Switch#write memory
```

6. 在交换机 Switch1 上创建 VLAN 10，并将 Fa0/1～Fa0/10 划分到 VLAN10

```
Switch>
Switch>enable
Switch#config terminal
```

```
Switch(config)#vlan 10
Switch(config-vlan)#name V10
Switch(config-vlan)#exit
Switch(config)#interface fastEthernet 0/1
Switch(config-if)#switchport access vlan 10
Switch(config-if)#exit
```

说明：用同样的方法分别进入端口 Fa0/2～Fa0/10，并划分到 VLAN 10 中。或使用 range 关键字，一次性把 Fa0/2～Fa0/10 端口划分到 VLAN 10，可以用以下命令：

```
Switch(config)#interface range fastEthernet 0/2-10
Switch(config-if-range)#switchport access vlan 10
```

7. 在交换机 Switch0 上创建 VLAN 20，并将 Fa0/11～Fa0/20 划分到 VLAN20

```
Switch(config)#vlan 20
Switch(config-vlan)#name V20
Switch(config-vlan)#exit
Switch(config)#interface fastEthernet 0/11
Switch(config-if)#switchport access vlan 20
Switch(config-if)#exit
Switch(config)#
```

说明：用同样的方法分别进入端口 Fa0/12～Fa0/20，并划分到 VLAN 20 中。或使用 range 关键字，一次性把 Fa0/12～Fa0/20 端口划分到 VLAN 20，可以用以下命令：

```
Switch(config)#interface range fastEthernet 0/12-20
Switch(config-if-range)#switchport access vlan 20
```

8. 将交换机 Switch1 的 Fa0/24 设为 Trunk 模式

```
Switch(config)#interface fastEthernet 0/24
Switch(config-if)#switchport mode trunk
```

9. 保存配置

```
Switch#write memory
```

10. 将三层交换机的 Fa0/1 和 Fa0/2 端口设置为 Trunk 模式

```
Switch>enable
Switch#config terminal
Switch(config)#interface fastEthernet 0/1
Switch(config-if)#switchport trunk encapsulation dot1q
Switch(config-if)#switchport mode trunk
Switch(config-if)#no shutdown
Switch(config-if)#exit
Switch(config)#interface fastEthernet 0/2
```

```
Switch(config-if)#switchport trunk encapsulation dot1q
Switch(config-if)#switchport mode trunk
Switch(config-if)#no shutdown
Switch(config-if)#exit
Switch(config)#
```

此时测试 PC0 与 PC1、PC2、PC3 的连通性，发现 PC0 和 PC2 可以互相通信，但不能和 PC1、PC3 连通，因为此时 PC0 和 PC2 的 IP 地址处于同一个网段，并且都属于 VLAN 10。同理，PC1、PC3 是可以互通的。

11. 在三层交换机上设置 VLAN 之间的通信

```
Switch(config)#vlan 10
Switch(config-vlan)#name V10
Switch(config-vlan)#exit
Switch(config)#interface vlan 10
Switch(config-if)#ip address 192.168.1.1 255.255.255.0
Switch(config-if)#no shutdown
Switch(config-if)#exit
Switch(config)#vlan 20
Switch(config-vlan)#name V20
Switch(config-vlan)#exit
Switch(config)#interface vlan 20
Switch(config-if)#ip address 192.168.2.1 255.255.255.0
Switch(config-if)#no shutdown
Switch(config-if)#exit
Switch(config)#ip routing
Switch(config)#exit
Switch#write memory
```

八、结果验证

1. 测试 PC0 与 PC1、PC2、PC3 的连通性

可以 ping 命令进行测试 PC0 与 PC1、PC2、PC3 的连通性。PC0 与 PC1 测试结果如图 2-6-2 所示，可以看出 PC0 与 PC1 是连通的。PC0 与 PC2、PC3 也是互相可以连通的。需要说明的是，凡是属于 VLAN10 的计算机的网关地址必须设置为 192.168.1.1，属于 VLAN20 的计算机的网关地址必须设置为 192.168.2.1。

2. 查看三层交换机的路由表

在安全模式使用 show ip route 命令显示三层交换机的路由表，如图 2-6-3 所示。

```
命令提示符                                                      X

Packet Tracer PC Command Line 1.0
PC>ping 192.168.2.2

Pinging 192.168.2.2 with 32 bytes of data:

Reply from 192.168.2.2: bytes=32 time=0ms TTL=127
Reply from 192.168.2.2: bytes=32 time=1ms TTL=127
Reply from 192.168.2.2: bytes=32 time=0ms TTL=127
Reply from 192.168.2.2: bytes=32 time=0ms TTL=127

Ping statistics for 192.168.2.2:
    Packets: Sent = 4, Received = 4, Lost = 0 (0% loss),
Approximate round trip times in milli-seconds:
    Minimum = 0ms, Maximum = 1ms, Average = 0ms

PC>
```

图 2-6-2　测试结果（1）

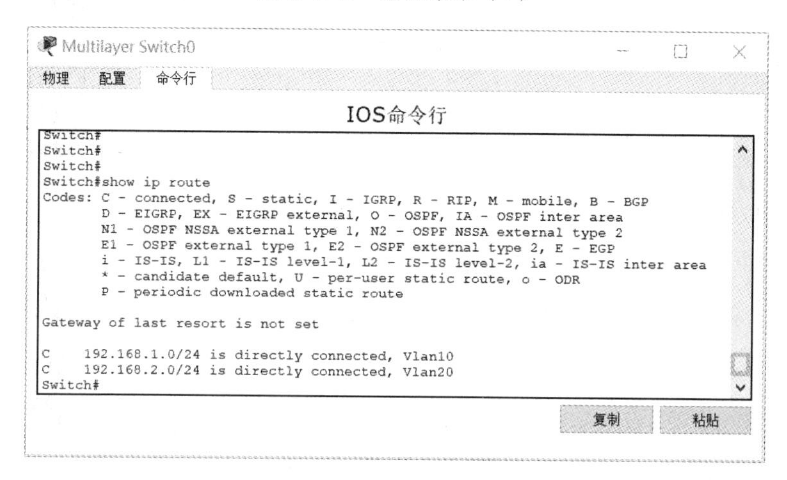


```
Switch#
Switch#
Switch#
Switch#show ip route
Codes: C - connected, S - static, I - IGRP, R - RIP, M - mobile, B - BGP
       D - EIGRP, EX - EIGRP external, O - OSPF, IA - OSPF inter area
       N1 - OSPF NSSA external type 1, N2 - OSPF NSSA external type 2
       E1 - OSPF external type 1, E2 - OSPF external type 2, E - EGP
       i - IS-IS, L1 - IS-IS level-1, L2 - IS-IS level-2, ia - IS-IS inter area
       * - candidate default, U - per-user static route, o - ODR
       P - periodic downloaded static route

Gateway of last resort is not set

C    192.168.1.0/24 is directly connected, Vlan10
C    192.168.2.0/24 is directly connected, Vlan20
Switch#
```

图 2-6-3　测试结果（2）

从图中可以看到三层交换机的路由表有两项，字母 C 表示之间相连的网络，表示目的地址是 192.168.1.0/24 和 192.168.2.0/24 网段的是和本三层交换机直接相连的。

九、思考题

计算机 PC0、PC1、PC2、PC3 的 IP 地址能否设置成同一个网段？

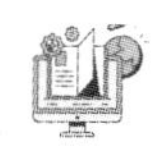

2.7　生成树协议的配置与应用

一、实验目的

（1）掌握生成树协议的工作原理。

（2）掌握生成树协议的配置方法与应用。

二、实验内容

（1）将四台交换机两两相连形成环路，查看交换机连接端口的状态。

（2）通过修改交换机设备的优先权值，改变当前的生成树，再次查看各连接端口的状态。

三、实验原理

STP（Spanning Tree Protocol）是生成树协议的英文缩写，可应用于计算机网络中树形拓扑结构的建立，主要作用是防止网桥网络中的冗余链路形成环路工作。STP 的主要思想是在网络中存在冗余链路时，只允许开启主链路，而将其他的冗余链路自动设置为“阻断”状态。当主链路因故障被断开时，系统再从冗余链路中产生一条链路作为主链路，并自动开启，接替故障链路的通信。STP 的基本原理是，通过在交换机之间传递一种特殊的协议报文，即网桥协议数据单元（Bridge Protocol Data Unit，BPDU），来确定网络的拓扑结构。

STP 的工作过程如下：首先进行根网桥的选举，其依据是网桥优先级（bridge priority）和 MAC 地址组合生成的桥 ID，桥 ID 最小的网桥将成为网络中的根桥（bridge root）。在此基础上，计算每个节点到根桥的距离，并由这些路径得到各冗余链路的代价，选择最小的成为通信路径（相应的端口状态变为 forwarding），其他的就成为备份路径（相应的端口状态变为 blocking）。STP 下端口的不同状态如表 2-7-1 所示。

表 2-7-1　STP 下端口的不同状态

端口状态	端口能力
Disabled	不收发任何报文
Blocking	不接收或者转发数据，接收但不发送 BPDU，不进行地址学习
Listening	不接收或者转发数据，接收并发送 BPDU，不进行地址学习
Learning	不接收或者转发数据，接收并发送 BPDU，开始进行地址学习
Forwarding	接收或者转发数据，接收并发送 BPDU，进行地址学习

四、关键命令

1. 开启生成树协议

```
spanning-tree vlan 1
```

2．查看生成树协议的信息

```
show spanning-tree
```

3．修改设备的优先权值

```
spanning-tree vlan 1 priority {优先权值 0-61440}
```

优先权值是 4096 的倍数，优先权值越小的交换机越可能成为根网桥，同时该交换机的端口也越有可能成为指定端口。

4．指定某个设备为某 vlan 的根桥

```
spanning-tree vlan {vlan-id} root  primary
```

五、实验设备

三层交换机（1 台）、二层交换机（3 台）、交叉双绞线（4 根）。

六、实验拓扑（见图 2-7-1）

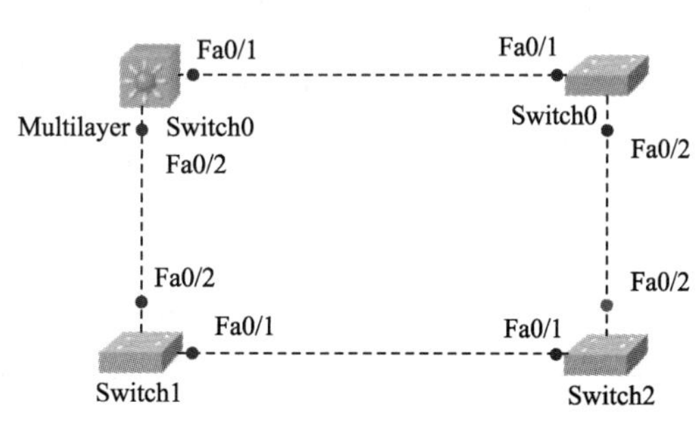

图 2-7-1　拓扑结构图

七、实验步骤

1．按拓扑结构组成网络

用交叉线将三层交换机 Multiplier Swich0、二层交换机 Switch0、Switch1、Switch2 的端口互相连接起来。

2．观察交换机端口的变化

通过观察发现，交换机 Switch2 的 Fa0/2 端口变为红色，表示通过生成树协议的运行，将其设置为阻断状态，防止形成环路。

3．在特权模式下用 show spanning-tree 命令查看交换机的生成树协议

在 Switch2 交换机上运行 show spanning-tree 命令后，结果如图 2-7-2 所示。

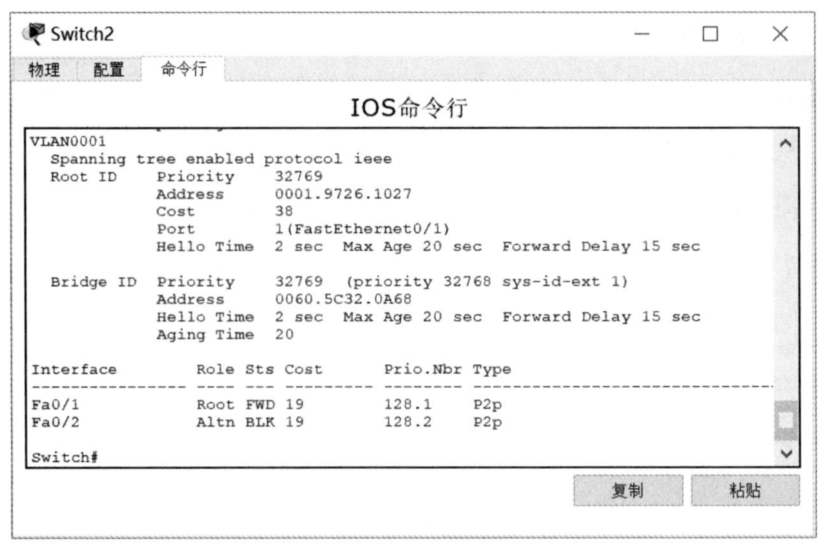

图 2-7-2　运行结果（1）

Root ID 指的是这三台交换机中根桥的优先级+MAC 地址，Bridge ID 是本台交换机的优先级+MAC 地址。从运行结果可知，两个 MAC 地址不同，本交换机不是根桥，根桥的 MAC 地址为 0001.9726.1027。Switch2 的 Fa0/2 端口为 BLK，即为阻断状态。

在三层交换机 Multilayer Swich0 上运行 show spanning-tree 命令后，结果如图 2-7-3 所示。从运行结果可知，两个 MAC 地址一致，本交换机是根桥。

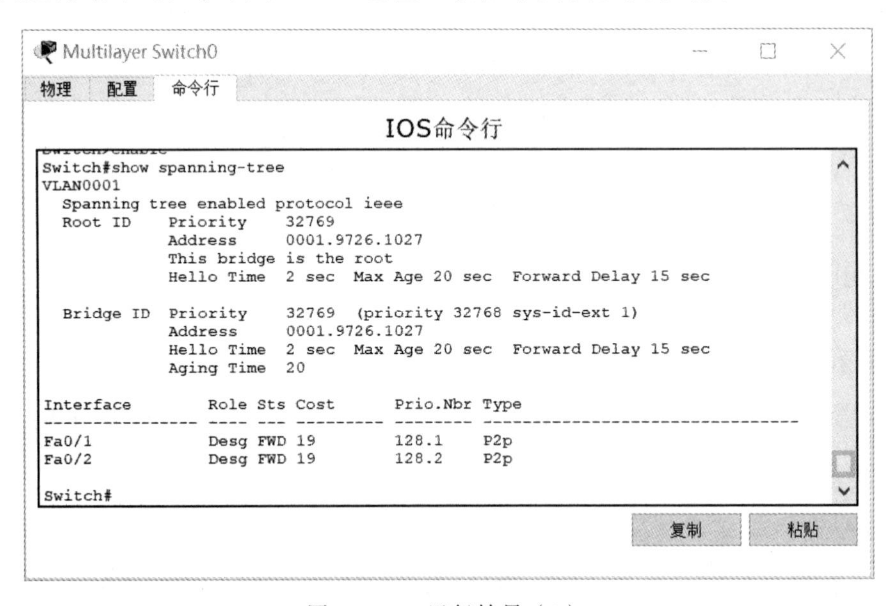

图 2-7-3　运行结果（2）

4. 指定交换机 Switch2 为根桥

```
Switch>enable
```

```
Switch#config terminal
Switch(config)#spanning-tree vlan 1 root primary
Switch(config)#exit
```

5. 保存配置

```
Switch#write memory
```

八、结果验证

1. 观察拓扑结构图

此时会发现 Switch2 的 Fa0/1、Fa0/2 端口全部变为绿色。而其他交换机的端口变为红色，即变为阻断状态。

2. 在 Switch2 交换机上运行 show spanning-tree 命令

在 Switch2 交换机上运行 show spanning-tree 命令查看交换机的生成树协议信息。结果如图 2-7-4 所示。

由图可知，Root ID 和 Bridge ID 的 MAC 地址都是 0060.5C32.0A68，说明此时交换机 Switch2 为根桥，此时两个端口 Fa0/1、Fa0/2 均为转发状态。

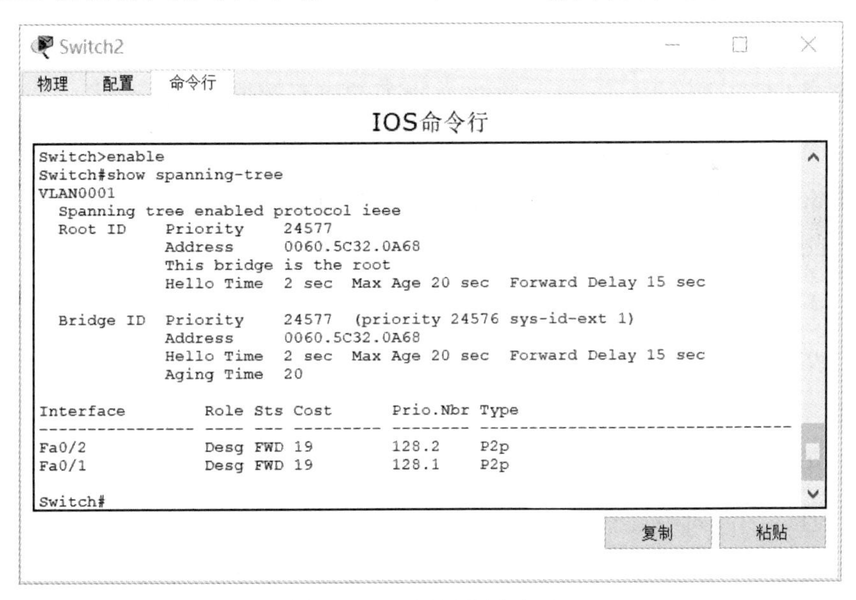

图 2-7-4　运行结果（3）

九、思考题

生成树协议主要应用的场合有那些？

2.8 链路聚合的配置与应用

一、实验目的

（1）掌握链路聚合的工作原理。

（2）掌握链路聚合的配置方法与应用。

二、实验内容

将两台交换机通过各自的两个端口对应连接起来，并配置链路聚合，形成一个逻辑的链路。

三、实验原理

在两台交换机之间可以使用两条以上的链路将它们级连，但在生成树协议（STP）的作用下，只有一条链路处于通信状态，其他的链路都处于阻塞状态，这样只提供了链路的容错，而不能提高两台交换机之间的带宽。

链路聚合（Link Aggregation）是将多个物理端口汇聚在一起，形成一个逻辑端口，以实现出/入流量吞吐量在各成员端口的负荷分担，交换机根据用户配置的端口负荷分担策略决定网络封包从哪个成员端口发送到对端的交换机。当交换机检测到其中一个成员端口的链路发生故障时，就停止在此端口上发送封包，并根据负荷分担策略在剩下的链路中重新计算报文的发送端口，故障端口恢复后再次担任收发端口。链路聚合在增加链路带宽、实现链路传输弹性和工程冗余等方面是一项很重要的技术。

链路聚合的另一个特点是在点对点链路上提供固有的、自动的冗余性。在配置链路聚合时应注意以下原则：

（1）将通道中的所有端口配置在同一 VLAN 中，或全部设置为 tag。

（2）将通道中的所有端口配置在相同的速率和相同的工作模式（全双工或半双工）下。

（3）将通道中所有端口的安全功能关闭。

（4）启用通道中的所有端口。

（5）确保通道中所有端口在通道的两端都有相同的配置。

四、关键命令

1. 启用链路聚合协议

```
channel-protocol lacp
```

2. 在端口配置模式下，设置交换机端口的激活模式

```
channel-group port-channle-number mode{active | auto | on | desirable | passive}
```

3. 配置负载均衡

```
port-channel load-balance { dst-ip|src-dst-ip|src-dst-mac|src-ip|src-mac|dst-mac}
```

默认状态下，选择 dst-mac 作为 MAC 帧分发策略

五、实验设备

二层交换机（2 台）、计算机（2 台）、交叉双绞线（2 根）、直连双绞线（2 根）。

六、实验拓扑（见图 2-8-1）

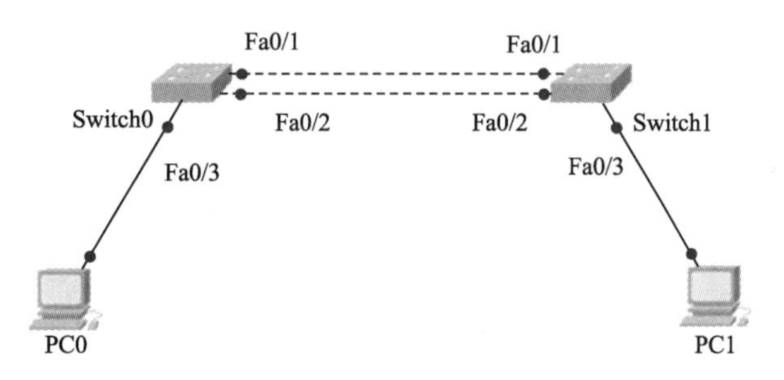

图 2-8-1 拓扑结构图

七、实验步骤

1. 按拓扑结构组成网络，配置计算机的 IP 地址

用交叉双绞线分布把交换机 Switch0、Switch1 的 Fa0/1 和 Fa0/1 端口及 Fa0/2 和 Fa0/2 端口对应连接起来。将 PC0、PC1 通过直通线分别接入交换机 Switch0、Switch1 的 Fa0/3 端口，并分别设置 IP 地址、子网掩码、网关，如表 2-8-1 所示。

表 2-8-1 两台计算机的配置情况

交换机	计算机	接口	IP 地址	子网掩码	网关
Switch0	PC0	Fa0/3	192.168.1.2	255.255.255.0	192.168.1.1
Switch1	PC1	Fa0/3	192.168.1.3	255.255.255.0	192.168.1.1

通过观察，连接两台交换机的两条链路中一条是断开的，这是因为交换机运行了生成树协议，以防止环路的形成。

2. 在交换机 Switch0 上配置链路聚合

```
Switch>
Switch>enable
Switch#config terminal
Switch(config)#vlan 10
Switch(config-vlan)#name V10
Switch(config-vlan)#exit
Switch(config)#interface fastEthernet 0/3
Switch(config-if)#switchport access vlan 10
Switch(config-if)#exit
Switch(config)#interface range fastEthernet 0/1-2
Switch(config-if-range)#switchport mode trunk
Switch(config-if-range)#switchport trunk allowed vlan all
Switch(config-if-range)#channel-protocol lacp
Switch(config-if-range)#channel-group 1 mode active
Switch(config-if-range)#no shutdown
Switch(config-if-range)#exit
Switch(config)# port-channel load-balance dst-mac
Switch(config)#exit
Switch#
```

3. 在交换机 Switch1 上配置链路聚合

```
Switch>
Switch>enable
Switch#config terminal
Switch(config)#vlan 10
Switch(config-vlan)#name V10
Switch(config-vlan)#exit
Switch(config)#interface fastEthernet 0/3
Switch(config-if)#switchport access vlan 10
Switch(config-if)#exit
Switch(config)#interface range fastEthernet 0/1-2
Switch(config-if-range)#switchport mode trunk
Switch(config-if-range)#switchport trunk allowed vlan all
```

```
Switch(config-if-range)#channel-protocol lacp
Switch(config-if-range)#channel-group 1 mode active
Switch(config-if-range)#no shutdown
Switch(config-if-range)#exit
Switch(config)# port-channel load-balance dst-mac
Switch(config)#exit
Switch#
```

八、结果验证

1. 观察拓扑结构图

此时会发现交换机 Switch0、Switch1 用于级联的端口全部变为绿色，链路状态是连通的。说明此时原来两条链路合并成了一条逻辑的链路。

2. 在 Switch0 交换机上运行 show etherchannel summary 命令

在 Switch0 交换机上运行 show etherchannel summary 命令，查看交换机链路聚合的结果，如图 2-8-2 所示。

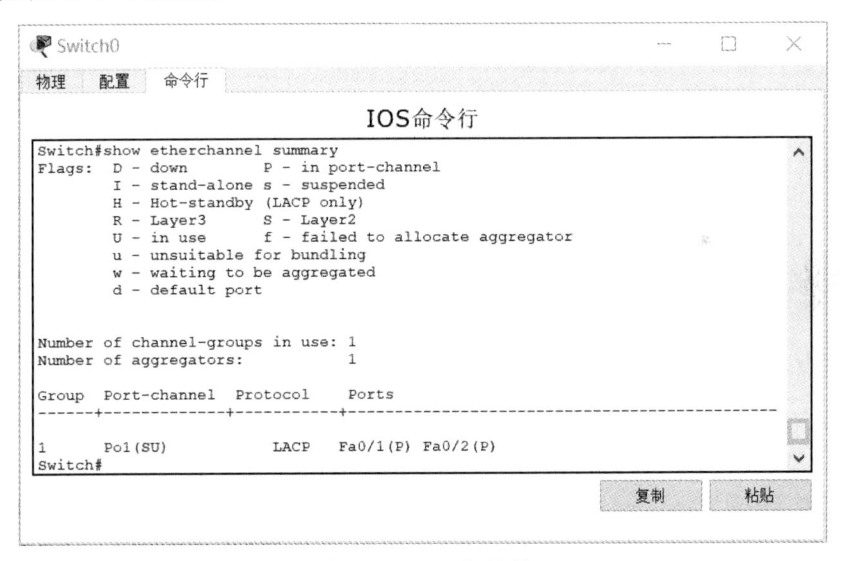


```
Switch#show etherchannel summary
Flags:  D - down        P - in port-channel
        I - stand-alone s - suspended
        H - Hot-standby (LACP only)
        R - Layer3      S - Layer2
        U - in use      f - failed to allocate aggregator
        u - unsuitable for bundling
        w - waiting to be aggregated
        d - default port


Number of channel-groups in use: 1
Number of aggregators:           1

Group  Port-channel  Protocol    Ports
------+-------------+-----------+----------------------------------------------

1      Po1(SU)           LACP   Fa0/1(P) Fa0/2(P)
Switch#
```

图 2-8-2　运行结果

由图可知，两个端口 Fa0/1、Fa0/2 通过 LACP 协议汇聚到一个逻辑端口 Po1。

九、思考题

如果两台交换机的链路聚合通道号不一致，能否成功配置，两台计算机能否正常通信？

第 3 章 路由器的配置与应用

3.1　路由器的基本操作与配置

一、实验目的

路由器的配置与应用

（1）掌握路由器的基本配置方法。

（2）掌握路由器的基本配置命令。

二、实验内容

（1）路由器主机名配置、Console 端口密码、特权模式密码和远程登录密码配置。

（2）路由器的 IP 地址配置及路由器的远程登录。

三、实验原理

路由器是连接两个或多个网络的硬件设备，在网络间起网关的作用，是读取每一个数据包中的地址然后决定如何传送的专用智能性的网络设备。要对路由器进行配置，首先要用计算机作为终端连接并登录到路由器，然后通过计算机作为输入和输出设备对路由器进行配置。一般方式有：

（1）通过 Console 端口配置。

（2）Telnet 远程登录配置。

（3）利用 TFTP 服务器进行配置和备份。

（4）通过 Web 或网管软件进行配置。

通过 Console 端口配置路由器在第 1 章网络基础部分已经介绍了方法。为了能够远程登录并配置路由器，需要给路由器配置一个管理接口，并需要给路由器接口分配 IP 地址。同时要启动远程路由器的登录功能，并为远程登录的用户设置鉴别信息。

四、关键命令

1. 配置路由器名称

```
hostname name
```

为路由器指定名称，参数 *name* 是作为名称的字符串。

2. 配置特权模式密码

```
enable password password
enable secret password
```

enable password 设置的是明文的密码，enable secret 设置的是密文的密码。

3. 配置 console 口密码

```
Router (config)#line console 0
Router (config-line)#password password
Router (config-line)#login
```

进入 console 端口时认证使用的密码，如果没有正确的密码，无法通过 console 口连入路由器。可以防止本地用户通过 console 端口对路由器进行未授权的登录和配置。login 表示启用密码，不能省略。

4. 配置虚拟终端远程登录密码

```
Router (config)#line vty 0 4
Router (config-line)#password password
Router (config-line)#login
```

VTY（Virtual Teletype Terminal）是虚拟终端，0 4 表示最多支持 5 个对话。login 表示启用密码，不能省略。

5. 配置路由器管理地址

```
ip address ip-address subnet-mask
```

ip-address 参数配置的是 IP 地址；*subnet-mask* 参数配置的是 IP 地址对应的子网

掩码。路由器工作在网络层，有多个接口能连接不同的网络，可以给这些接口直接配置 IP 地址。

6. 开启路由器的端口或 IP 接口

```
no shutdown
```

no shutdown 命令用于开启路由器的端口或 IP 接口。与之对应的命令是 shutdown，用于关闭路由器的端口或 IP 接口。

五、实验设备

路由器（1 台）、实验用 PC（1 台）、交叉双绞线（1 根）、Console 配置线缆（1 根）。

六、实验拓扑（见图 3-1-1）

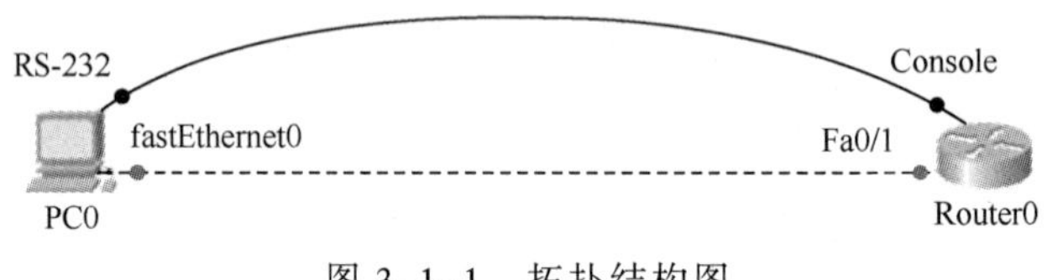

图 3-1-1　拓扑结构图

七、实验步骤

1. 按拓扑结构组成网络，配置计算机的 IP 地址

通过 Console 配置线缆将计算机 PC0 和 Router0 路由器相连，一端连计算机的 RS-232 接口，一端连路由器的 Console 口。

通过交叉双绞线将计算机 PC0 的网卡接口 fastEthernet0 与路由器的 Fa0/1 端口接口相连。设置计算机 PC0 的 IP 地址、子网掩码、网关，如表 3-1-1 所示。

表 3-1-1　计算机的网络配置情况

计算机	接口	IP 地址	子网掩码	网关
PC0	Fa0/1	192.168.1.2	255.255.255.0	192.168.1.1

2. 登录路由器

单击 PC0 图标，打开计算机的配置界面，选择“桌面”选项卡，单击“终端”按钮，选择默认参数，单击“确定”按钮后进入路由器的配置页面。

3. 配置路由器的名称

```
Router >
```

```
Router>enable
Router#config terminal
Router(config)#hostname bdlgR
bdlgR(config)#
```

4. 配置密码

步骤 1：配置 console 口密码

```
bdlgR(config)#line console 0
bdlgR(config-line)#password cisco123
bdlgR(config-line)#login
bdlgR(config-line)#exit
```

步骤 2：配置特权模式密码

```
bdlgR(config)#enable password cisco456
```

步骤 3：配置远程登录密码

```
bdlgR(config)#line vty 0 4
bdlgR(config-line)#password cisco789
bdlgR(config-line)#login
bdlgR(config-line)#exit
```

5. 配置路由器的管理地址

```
bdlgR(config)#interface fastEthernet 0/1
bdlgR(config-if)#ip address 192.168.1.254 255.255.255.0
bdlgR(config-if)#no shutdown
bdlgR(config-if)#exit
bdlgR(config)#exit
bdlgR#
```

6. 保存配置

```
bdlgR#write memory
```

八、结果验证

1. 测试密码

单击图 3-1-1 中的 PC0 图标，选择“桌面”选项卡，单击“终端”按钮，选择终端默认参数，单击“确定”按钮后，计算机通过 console 口连入路由器，提示如下：

```
User Access Verification
Password:
```

此处输入设置的开机密码：cisco123。

按【Enter】键进入路由器的用户模式：

```
bdlg>
```

输入 enable 命令后，提示输入密码进入特权模式。

此处输入 cisco456 后进入特权模式，如图 3-1-2 所示。

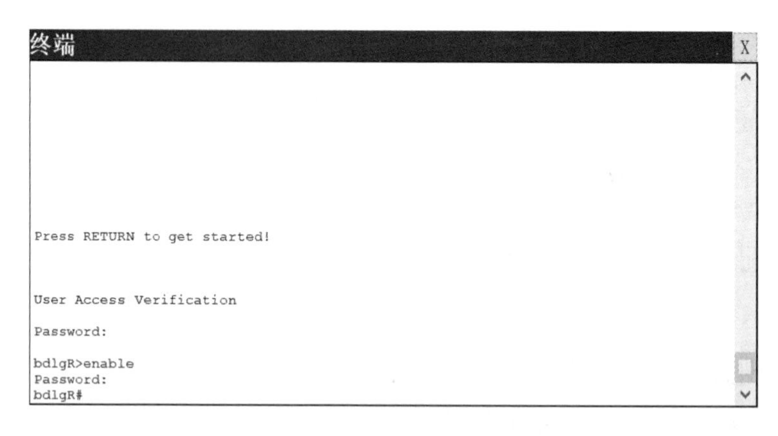

图 3-1-2　密码测试结果

2. 远程登录

单击计算机图标，选择“桌面”选项卡，单击“命令提示符”按钮，弹出“命令提示符”对话框。在命令行里输入：telnet 192.168.1.254，在提示密码处输入设置的远程登录密码：cisco789。进入路由器的用户模式。

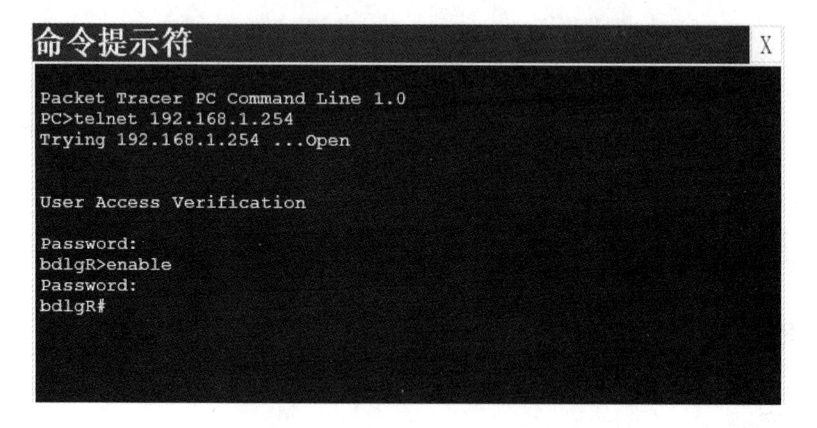

图 3-1-3　远程登录测试结果

九、思考题

一种是通过终端登录，一种是通过命令提示符窗口登录，二者有什么区别？

3.2　直连路由的配置与应用

一、实验目的

掌握路由器直连路由的工作原理。

二、实验内容

路由器的两个端口分别连接一个网段，通过直连路由完成两个网段计算机之间的互相访问。

三、实验原理

路由器接口所连接的子网的路由方式称为直连路由。直连路由是由链路层协议发现的，一般指去往路由器的接口地址所在网段的路径，该路径信息不需要网络管理员维护，也不需要路由器通过某种算法进行计算获得，只要该接口处于活动状态（Active），路由器就会把通向该网段的路由信息填写到路由表中去。给路由器连接子网的接口配置上 IP 地址和子网掩码，使其和连接的网络在一个网段。并且把本网络中所有计算机的网关设置成路由器接口的 IP 地址，此时路由器的多个接口连接多个网络，就可以使不同网段之间互相通信。

四、关键命令

1.配置路由器端口地址

```
ip address ip-address subnet-mask
```

ip -address 参数配置的是 IP 地址；*subnet-mask* 配置的是 IP 地址对应的子网掩码。路由器工作在网络层，有多个接口能连接不同的网络，可以给这些接口直接配置 IP 地址。

2. 开启路由器的端口

```
no shutdown
```

no shutdown 命令用于开启路由器的端口。与之对应的命令是 shutdown，用于关闭路由器的端口。

五、实验设备

路由器（1台）、交换机（2台）、实验用 PC（4台）、直连双绞线（6根）。

六、实验拓扑（见图 3-2-1）

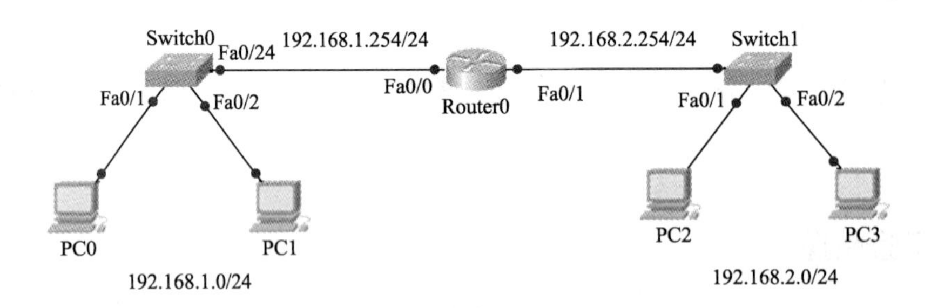

图 3-2-1　拓扑结构图

七、实验步骤

1. 按拓扑结构组成网络，配置计算机的 IP 地址

将 PC0、PC1、PC2、PC3 通过直通线分别接入交换机 Switch0、Switch 的端口，并分别设置 IP 地址、子网掩码、网关，如表 3-2-1 所示。

表 3-2-1　四台计算机的配置情况

计　算　机	交　换　机	接　　口	IP 地址	子 网 掩 码	网　　关
PC0	Switch0	Fa0/1	192.168.1.2	255.255.255.0	192.168.1.254
PC1	Switch0	Fa0/2	192.168.1.3	255.255.255.0	192.168.1.254
PC2	Switch1	Fa0/1	192.168.2.2	255.255.255.0	192.168.2.254
PC3	Switch1	Fa0/2	192.168.2.3	255.255.255.0	192.168.2.254

2. 配置 Router0 路由器 Fa0/0 端口、Fa0/1 端口的 IP 地址

```
Router>enable
Router#config terminal
Router(config)#interface fastEthernet 0/0
Router(config-if)#ip address 192.168.1.254 255.255.255.0
Router(config-if)#no shutdown
Router(config-if)#exit
Router(config)#interface fastEthernet 0/1
```

```
Router(config-if)#ip address 192.168.2.254 255.255.255.0
Router(config-if)#no shutdown
Router(config-if)#exit
Router(config)#exit
Router#
```

3. 保存配置

```
Router #write memory
```

八、结果验证

1. 测试两个网段计算机的连通性

在 PC0 计算机上，用 ping 命令测试与 PC2 的连通性。PC0 与 PC2 测试结果如图 3-2-2 所示，可以看出 PC0 与 PC2 是连通的。这一结果说明尽管 PC0 与 PC2 不是一个网段，但是它们都在路由器的直连网段，属于路由器的直连路由。

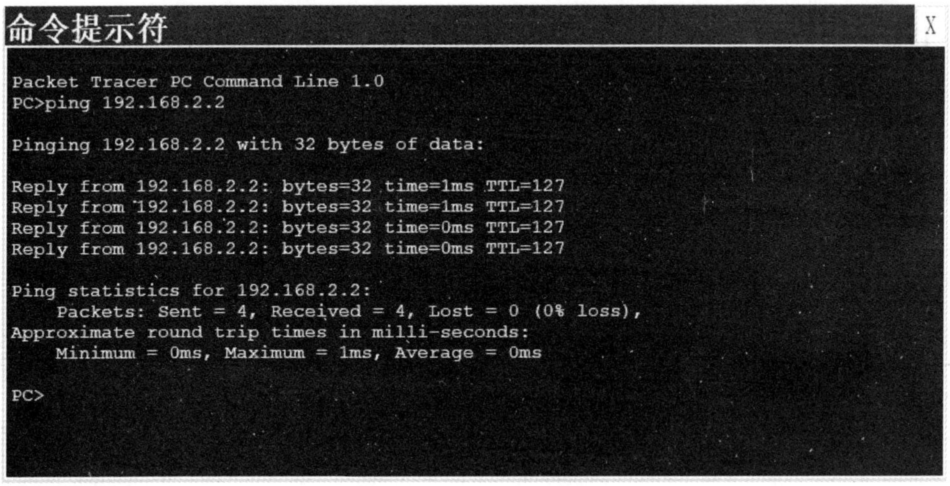

```
命令提示符                                                    X

Packet Tracer PC Command Line 1.0
PC>ping 192.168.2.2

Pinging 192.168.2.2 with 32 bytes of data:

Reply from 192.168.2.2: bytes=32 time=1ms TTL=127
Reply from 192.168.2.2: bytes=32 time=1ms TTL=127
Reply from 192.168.2.2: bytes=32 time=0ms TTL=127
Reply from 192.168.2.2: bytes=32 time=0ms TTL=127

Ping statistics for 192.168.2.2:
    Packets: Sent = 4, Received = 4, Lost = 0 (0% loss),
Approximate round trip times in milli-seconds:
    Minimum = 0ms, Maximum = 1ms, Average = 0ms

PC>
```

图 3-2-2　测试结果

2. 查看路由器的路由表

在路由器的特权模式下，使用 show ip route 命令显示路由器的路由表，结果如图 3-2-3 所示。从图中可知，当前路由器的路由表包括 2 项内容。C 字母表示直连路由，192.168.1.0/24 和 192.168.2.0/24 两个网络是路由器直连的网络，通过本路由器可以直接到达。

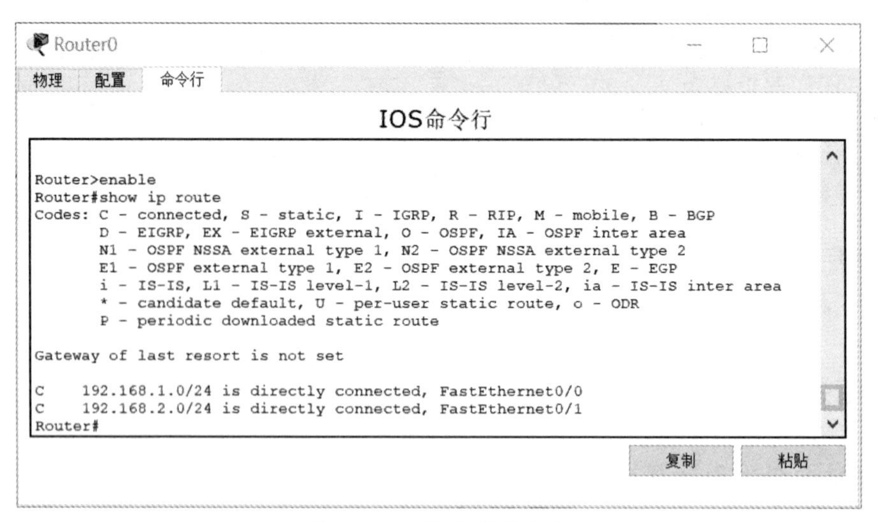

图 3-2-3　路由器路由表

九、思考题

若 192.168.1.0/24 和 192.168.2.0/24 两个网段中计算机的网关地址没有设置成路由器对应接口的 IP 地址，两个网段中计算机可以互相通信吗？

3.3　静态路由的配置与应用

一、实验目的

（1）掌握静态路由的工作原理。

（2）掌握静态路由的配置与应用。

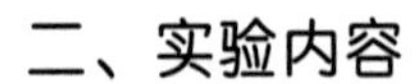

二、实验内容

用两个路由器连接两个网络（不同网段），通过静态路由完成两个网络计算机之间的互相访问。

三、实验原理

静态路由（Static Routing），一种路由的方式，路由项（Routing Entry）由网络管理人员手动配置，而不是根据路由协议动态生成的。与动态路由不同，静态路由是固定的，不会改变，即使网络状况已经改变或是重新被组态。一般来说，静态路由是由网络管理员逐项加入路由表。使用静态路由的一个好处是网络安全保密性高，此外由于静态路由不会产生更新流量，所以静态路由不占用网络带宽。静态路由一遍适用于简单的网络环境，在这样的环境中，网络管理员易于清楚地了解网络的拓扑结构，便于设置正确的路由信息。但是，大型和复杂的网络环境通常不宜采用静态路由。一方面，网络管理员难以全面地了解整个网络的拓扑结构；另一方面，当网络的拓扑结构和链路状态发生变化时，路由器中的静态路由信息需要大范围地调整，这一工作的难度和复杂程度非常高。当网络发生变化或网络发生故障时，不能重选路由，很可能使路由失败。

四、关键命令

1. 配置静态路由

```
ip route [网络号] [子网掩码] [转发路由器的 IP 地址/本地端口]
```

其中，*[网络号]* 和 *[子网掩码]* 为目标网络的 IP 地址和子网掩码，使用点分十进制表示。*[转发路由器的 IP 地址/本地端口]* 指定该条路由的下一跳 IP 地址（用点分十进制表示）或发送端口的名称。在具体配置时，使用“转发路由器的 IP 地址”还是“本地端口”，需要根据实际情况来定。

2. 删除静态路由

```
no ip route [网络号] [子网掩码]
```

五、实验设备

路由器（2 台）、交换机（2 台）、实验用 PC（4 台）、直连双绞线（6 根），交叉双绞线（1 根）。

六、实验拓扑（见图 3-3-1）

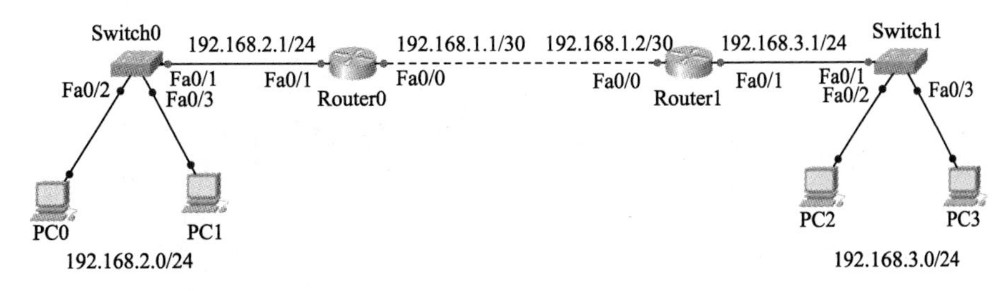

图 3-3-1　拓扑结构图

七、实验步骤

1．按拓扑结构组成网络，配置计算机的 IP 地址

将 PC0、PC1、PC2、PC3 通过直通线分别接入交换机 Switch0、Switch 的端口，并分别设置 IP 地址、子网掩码、网关，如表 3-2-1 所示。

表 3-3-1　四台计算机的配置情况

计算机	交换机	接口	IP 地址	子网掩码	网关
PC0	Switch0	Fa0/2	192.168.2.2	255.255.255.0	192.168.2.1
PC1	Switch0	Fa0/3	192.168.2.3	255.255.255.0	192.168.2.1
PC2	Switch1	Fa0/2	192.168.3.2	255.255.255.0	192.168.3.1
PC3	Switch1	Fa0/3	192.168.3.3	255.255.255.0	192.168.3.1

2．路由器 Router0 的基本配置

```
Router>enable
Router#config terminal
Router(config)#hostname Router0
Router0(config)#interface fastEthernet 0/1
Router0(config-if)#ip address 192.168.2.1 255.255.255.0
Router0(config-if)#no shutdown
Router0(config-if)#exit
Router0(config)#interface fastEthernet 0/0
Router0(config-if)#ip address 192.168.1.1 255.255.255.252
Router0(config-if)#no shutdown
Router0(config-if)#exit
```

3．路由器 Router0 配置静态路由

```
Router0(config)#ip route 192.168.3.0 255.255.255.0 192.168.1.2
Router0(config)#exit
Router0#write memory
```

4．路由器 Router1 的基本配置

```
Router>enable
Router#config terminal
Router(config)#hostname Router1
Router1(config)#interface fastEthernet 0/1
Router1(config-if)#ip address 192.168.3.1 255.255.255.0
Router1(config-if)#no shutdown
Router1(config-if)#exit
Router1(config)#interface fastEthernet 0/0
Router1(config-if)#ip address 192.168.1.2 255.255.255.252
```

```
Router1(config-if)#no shutdown
Router1(config-if)#exit
```

5. 路由器 Router1 配置静态路由

```
Router1(config)#ip route 192.168.2.0 255.255.255.0 192.168.1.1
Router1(config)#exit
Router1#write memory
```

八、结果验证

1. 测试两个网段计算机的连通性

在 PC0 计算机上，用 ping 命令测试与 PC2 的连通性。PC0 与 PC2 测试结果如图 3-3-2 所示，可以看出 PC0 与 PC2 是连通的。

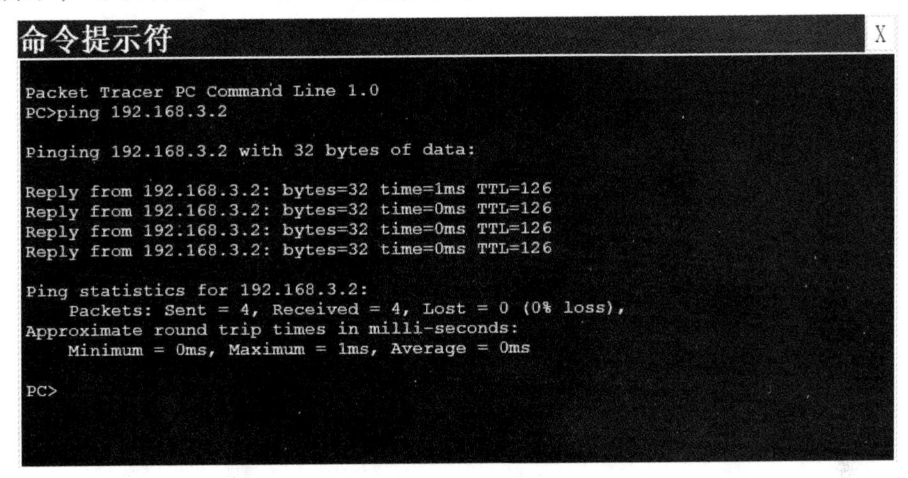

图 3-3-2　测试结果

2. 查看路由器 Router0 的路由表

在路由器的特权模式下，使用 show ip route 命令显示路由器 Router0 的路由表，结果如图 3-3-3 所示。从图中可知，当前路由器的路由表包括 3 项内容。字母 C 表示直连路由，192.168.1.0/24 和 192.168.2.0/24 两个网络是路由器直接连接的网络。目的网络 192.168.3.0/24 是 Router0 路由器通过静态路由指定的路由表项，字母 S 表示静态路由，它指定的下一跳路由器的地址是 192.168.1.2。

3. 查看路由器 Router1 的路由表

在路由器的特权模式下，使用 show ip route 命令显示路由器 Router1 的路由表，结果如图 3-3-4 所示。

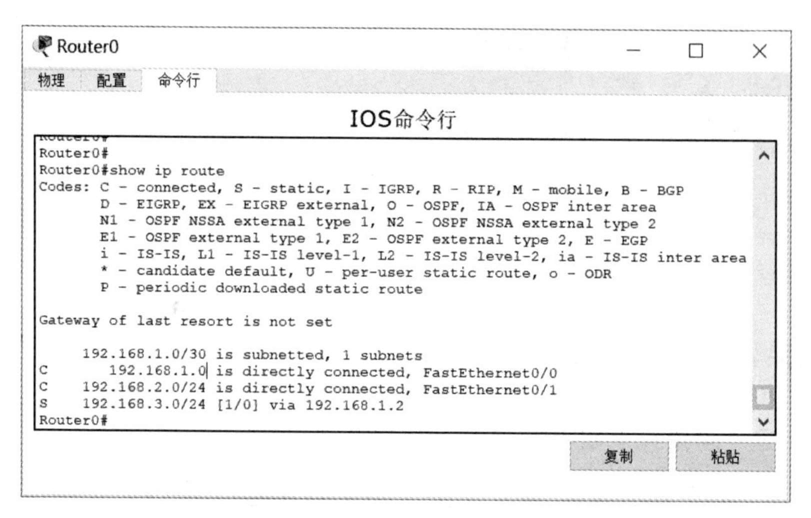

图 3-3-3 路由器 Router0 的路由表

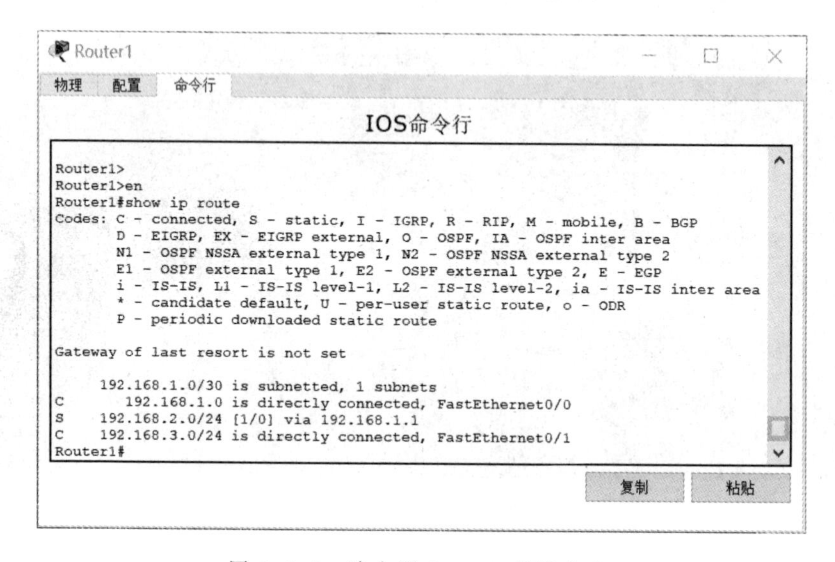

图 3-3-4 路由器 Router1 的路由表

九、思考题

若两台路由器不配置静态路由，两个网段中计算机可以互相通信吗？

 3.4 RIP 路由协议的配置与应用

一、实验目的

（1）掌握 RIP 路由协议的工作原理。

（2）掌握 RIP 路由协议的配置与应用。

二、实验内容

用三个路由器连接两个网络（不同网段），通过 RIP 路由协议完成两个网络计算机之间的互相访问。

三、实验原理

RIP（Routing Information Protocol，路由信息协议）是一种内部网关协议（IGP），也是一种动态路由选择协议，用于自治系统（AS）内路由信息的传递。RIP 协议基于距离矢量算法，使用“跳数”来衡量到达目标地址的路由距离。路由器到直接连接的网络的距离定义为 1。路由器到非直接连接的网络的距离定义为所经过的路由器数加 1。RIP 协议中的“距离”也称为“跳数”（hop count），因为每经过一个路由器，跳数就加 1。RIP 认为一个好的路由就是它通过的路由器的数目少，即“距离短”。RIP 允许一条路径最多只能包含 15 个路由器。“距离”的最大值为 16 时即相当于不可达。可见 RIP 只适用于小型互联网。RIP 不能在两个网络之间同时使用多条路由。RIP 一般会选择一个具有最少路由器的路由（即最短路由），哪怕还存在另一条高速（低时延）但路由器较多的路由。

路由器在刚开始工作时，只知道到与它直接连接的网络的距离（此距离定义为 1）。以后，每一个路由器也只和数目非常有限的相邻路由器交换并更新路由信息。

当一个路由器收到相邻路由器（其地址为 X）的一个路由更新报文时：

（1）先修改此报文中的所有项目，把“下一跳”字段中的地址都改为 X，并把所有的“距离”字段的值加 1。每一个项目都有三个关键数据，即到目的网络 N，距离是 d，下一跳路由器是 X。

（2）若原路由表中没有目的网络 N，则把该项目添加到路由表中，否则，查看路由表中目的网络为 N 的表项，若其下一跳是 X，则将收到的项目替换掉原项目。

若收到的项目中的距离 d 小于路由表中的距离，则进行更新，否则什么也不做。

（3）若 180 s（默认）没有收到某条路由项目的更新报文，则把该路由项目记为无效，即把距离置为 16（距离为 16 表示不可达）。若再过一段时间，如 120 s，还没有收到该路由项目的更新报文，则将该路由项目从路由表中删除。

（4）若路由表发生变化，向所有相邻路由器发送路由更新报文。

（5）返回。

经过若干次更新后，所有的路由器最终都会知道到达本自治系统中任何一个网络的最短距离和下一跳路由器的地址。

一般情况下 RIP 协议的收敛过程较快，即在自治系统中所有结点都能快速得到正确的路由选择信息。

四、关键命令

1. 在路由器全局配置模式下启动 RIP 路由协议

```
router rip
```

2. 选择 RIP 协议的版本

```
version {1|2}
```

选择 RIP 协议的版本号。RIPV2 不是一个新的协议，它只是在 RIPV1 协议的基础上增加了一些扩展特性，以适用于现代网络的路由选择环境。这些扩展特性有：每个路由条目都携带自己的子网掩码，路由选择更新具有认证功能，每个路由条目都携带下一跳地址、外部路由标志、组播路由更新。最重要的一项是路由更新条目增加了子网掩码的字段，因而 RIP 协议可以使用可变长的子网掩码，从而使 RIPV2 协议变成了一个无类别的路由选择协议。

3. 在路由器配置模式下，用 network 命令来发布每个路由器的直连网络

```
network ip-address
```

ip-address 为路由器直接相连的网络地址。

4. 配置串行接口的时钟频率

```
clock rate number
```

用 clock rate 接口配置命令配置网络接口模块（NIM）和接口处理器等串行接口上硬件连接的时钟频率。可选标准时钟频率：1 200 bit/s、2 400 bit/s、4 800 bit/s、9 600 bit/s、14 400 bit/s、19 200 bit/s、28 800 bit/s、38 400 bit/s、56 000 bit/s、64 000 bit/s、128 000 bit/s、2 015 232 bit/s。

五、实验设备

路由器（3 台 2811）、实验用 PC（2 台）、串口线（2 根），交叉双绞线（2 根）。

六、实验拓扑（见图 3-4-1）

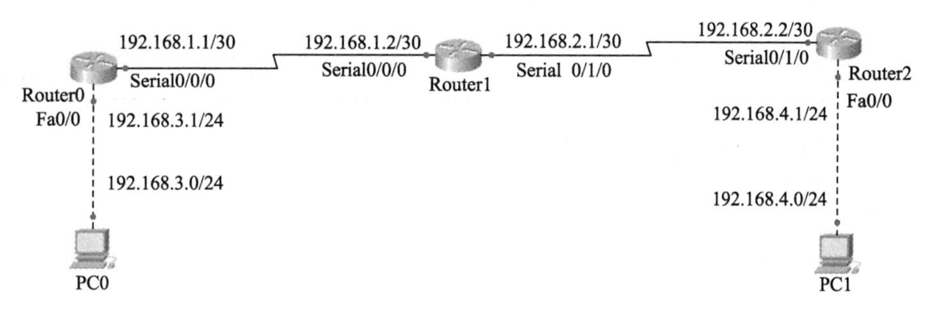

图 3-4-1　拓扑结构图

七、实验步骤

1. 按拓扑结构组成网络，配置计算机的 IP 地址

将三台路由器 Router0、Router1 和 Router2 之间使用串行电缆进行互联，连接端口均为 Serial0/0/0 和 Serial0/1/0。本实验选择 2811 型号的路由器，路由器需要添加 WIC-1T 串口模块，添加时需要先关闭路由器的电源，添加完成后，打开电源即可，此时就会添加上串口模块，添加界面如图 3-4-2 所示。

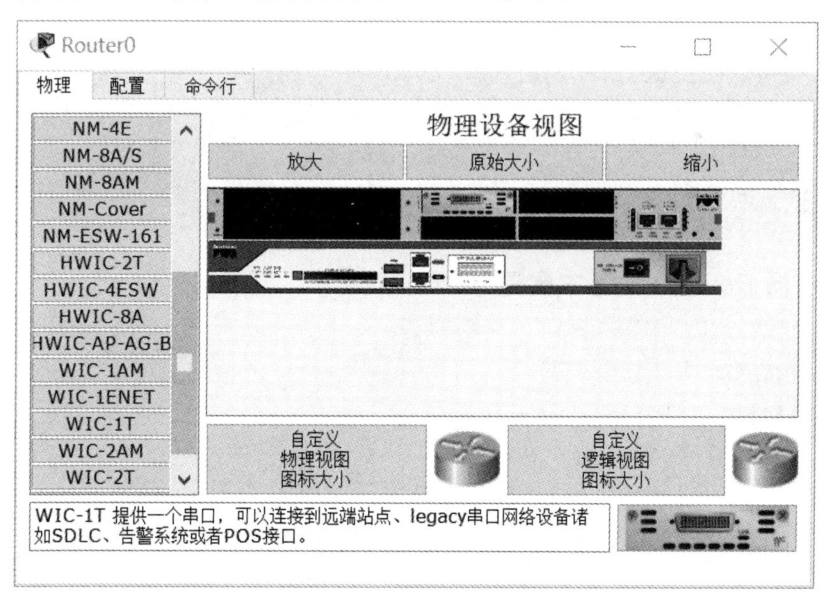

图 3-4-2　添加路由器模块

将 PC0、PC1 通过交叉线分别接入路由器 Router0、Router2 的端口，并分别设置 IP 地址、子网掩码、网关，如表 3-4-1 所示。

表 3-4-1 两台计算机的配置情况

计 算 机	路 由 器	接 口	IP 地址	子 网 掩 码	网 关
PC0	Router0	Fa0/0	192.168.3.2	255.255.255.0	192.168.3.1
PC1	Router0	Fa0/0	192.168.4.2	255.255.255.0	192.168.4.1

2. 路由器 Router0 的基本配置

```
Router>
Router>enable
Router#config terminal
Router(config)#hostname Router0
Router0(config)#interface fastEthernet 0/0
Router0(config-if)#ip address 192.168.3.1 255.255.255.0
Router0(config-if)#no shutdown
Router0(config-if)#exit
Router0(config)#interface serial 0/0/0
Router0(config-if)#ip address 192.168.1.1 255.255.255.252
Router0(config-if)#no shutdown
Router0(config-if)#exit
Router0(config)#
```

3. 路由器 Router0 配置 RIP 路由协议

```
Router0(config)#router rip
Router0(config-router)#version 2
Router0(config-router)#network 192.168.1.0
Router0(config-router)#network 192.168.3.0
Router0(config-router)#exit
Router0(config)#
```

4. 路由器 Router1 的基本配置

```
Router>
Router>enable
Router#config terminal
Router(config)#hostname Router1
Router1(config)#interface serial 0/0/0
Router1(config-if)#ip address 192.168.1.2 255.255.255.252
Router1(config-if)#clock rate 64000
Router1(config-if)#no shutdown
Router1(config-if)#exit
Router1(config)#interface serial 0/1/0
Router1(config-if)#ip address 192.168.2.1 255.255.255.252
Router1(config-if)#clock rate 64000
Router1(config-if)#no shutdown
```

```
Router1(config-if)#exit
Router1(config)
```

如果两台路由器通过串口直接连接，则必须在其中一端设置时钟频率。务必注意只能为其中的一个串行端口配置时钟频率，而不能在两个端口上同时配置，否则这条链路将无法正常通信。

5. 路由器 Router1 配置 RIP 路由协议

```
Router1(config)#router rip
Router1(config-router)#version 2
Router1(config-router)#network 192.168.1.0
Router1(config-router)#network 192.168.2.0
Router1(config-router)#exit
Router1(config)#
```

6. 路由器 Router2 的基本配置

```
Router>enable
Router#config terminal
Router(config)#hostname Router2
Router2(config)#interface serial 0/1/0
Router2(config-if)#ip address 192.168.2.2 255.255.255.252
Router2(config-if)#no shutdown
Router2(config-if)#exit
Router2(config)#interface fastEthernet 0/0
Router2(config-if)#ip address 192.168.4.1 255.255.255.0
Router2(config-if)#no shutdown
Router2(config)#
```

7. 路由器 Router2 配置 RIP 路由协议

```
Router2(config)#router rip
Router2(config-router)#version 2
Router2(config-router)#network 192.168.2.0
Router2(config-router)#network 192.168.4.0
Router2(config-router)#exit
Router2(config)#
```

八、结果验证

1. 测试两个网段计算机的连通性

在 PC0 计算机上用 ping 命令测试与 PC2 的连通性。PC0 与 PC2 测试结果如图 3-4-3 所示，可以看出 PC0 与 PC2 是连通的。

PC0

物理 配置 桌面 Custom Interface

命令提示符

```
Packet Tracer PC Command Line 1.0
PC>ping 192.168.4.2

Pinging 192.168.4.2 with 32 bytes of data:

Reply from 192.168.4.2: bytes=32 time=2ms TTL=125
Reply from 192.168.4.2: bytes=32 time=2ms TTL=125
Reply from 192.168.4.2: bytes=32 time=4ms TTL=125
Reply from 192.168.4.2: bytes=32 time=4ms TTL=125

Ping statistics for 192.168.4.2:
    Packets: Sent = 4, Received = 4, Lost = 0 (0% loss),
Approximate round trip times in milli-seconds:
    Minimum = 2ms, Maximum = 4ms, Average = 3ms

PC>
```

图 3-4-3 测试结果

2. 查看路由器 Router0 的路由表

在路由器的特权模式下，使用 show ip route 命令显示路由器 Router0 的路由表，结果如图 3-4-4 所示。从图中可知，当前路由器的路由表包括 4 项内容。192.168.1.0/30 和 192.168.3.0/24 是路由器 Router0 直接相连的网络。192.168.2.0/30 和 192.168.4.0/24 两个网络是通过 RIP 协议得出的路由表项，用字母 R 表示。要到达这两个目的网络，下一跳的路由器的地址为 192.168.1.2。

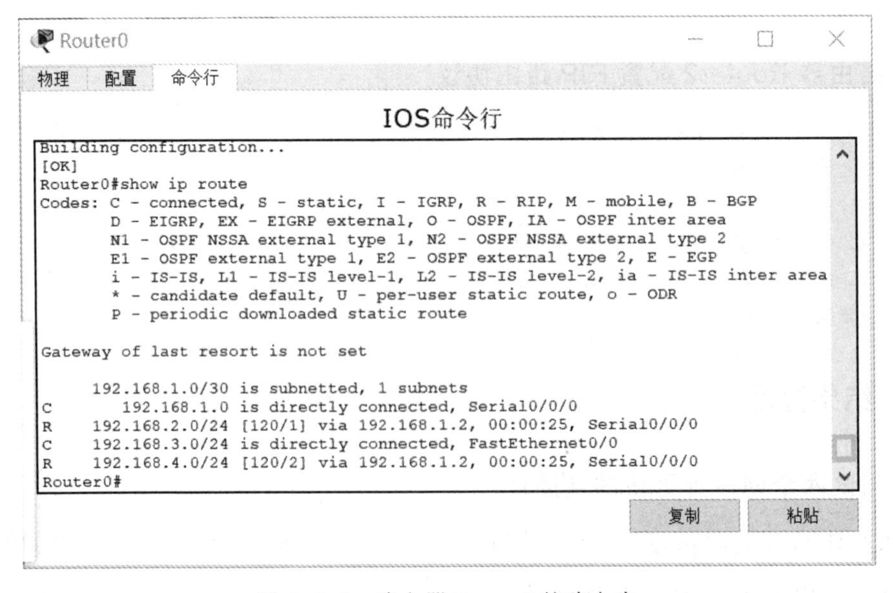

图 3-4-4 路由器 Router0 的路由表

3. 查看路由器 Router1 的路由表

在路由器的特权模式下，使用 show ip route 命令显示路由器 Router1 的路由表，结果如图 3-4-5 所示。

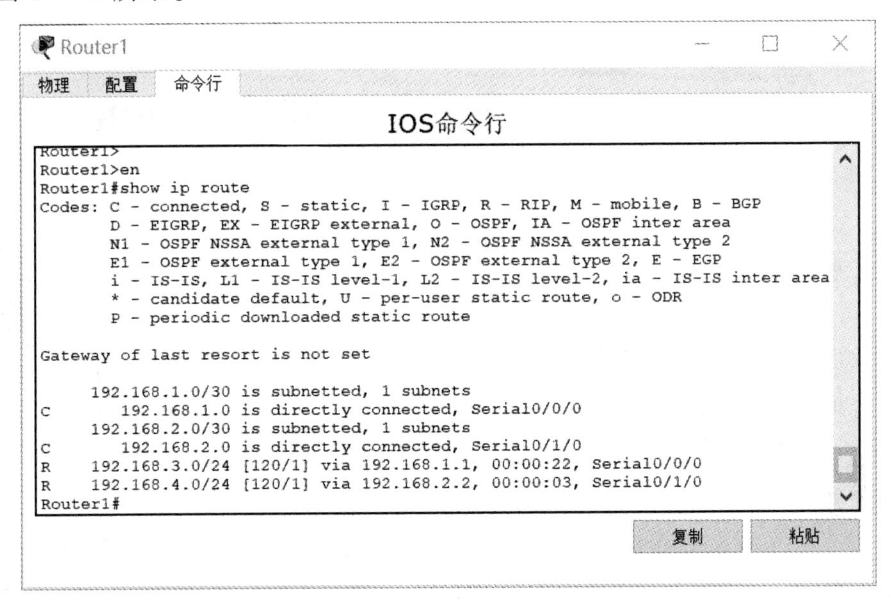

图 3-4-5　路由器 Router1 的路由表

4. 查看路由器 Router2 的路由表

在路由器的特权模式下，使用 show ip route 命令显示路由器 Router2 的路由表，结果如图 3-4-6 所示。

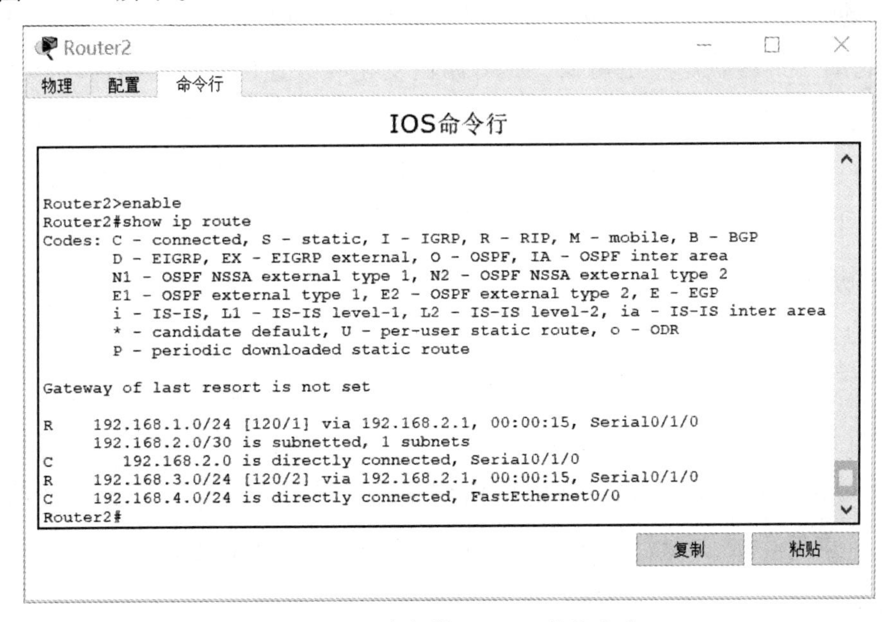

图 3-4-6　路由器 Router2 的路由表

九、思考题

试比较 RIP 路由协议和静态路由协议工作原理的不同之处。

3.5 OSPF 路由协议的配置与应用

一、实验目的

（1）掌握 OSPF 路由协议的工作原理。

（2）掌握 OSPF 路由协议的配置与应用。

二、实验内容

用三个路由器连接两个网络（不同网段），通过 OSPF 路由协议完成两个网络计算机之间的互相访问。

三、实验原理

开放式最短路径优先（Open Shortest Path First，OSPF）是广泛使用的一种动态路由协议，它属于链路状态路由协议，具有路由变化收敛速度快、无路由环路、支持变长子网掩码（VLSM）和汇总、层次区域划分等优点。在网络中使用 OSPF 协议后，大部分路由将由 OSPF 协议自行计算和生成，无须网络管理员人工配置，当网络拓扑发生变化时，协议可以自动计算、更正路由，极大地方便了网络管理。

OSPF 协议是一种链路状态协议。每个路由器负责发现、维护与邻居的关系，并将已知的邻居列表和链路费用 LSU（Link State Update）报文描述，通过可靠的泛洪法与自治系统 AS（Autonomous System）内的其他路由器周期性交互，从而学习到整个自治系统的网络拓扑结构；并通过自治系统边界的路由器注入其他 AS 的路由信息，从而得到整个 Internet 的路由信息。每隔一个特定时间或当链路状态发生变化时，重新生成 LSA，路由器通过泛洪机制将新 LSA 通告出去，以便实现路由的实时更新。

四、关键命令

1. 在路由器全局配置模式下启动 OSPF 路由协议

```
router ospf process-id
```

process-id 是进程标识符，只在本地有意义。

2. 在路由器配置模式下，用 network 命令来发布每个路由器的直连网络

```
network ip-address wildcard-mask area-id
```

ip-address 是路由器直接相连的网络地址；*wildcard-mask* 是子网掩码的反码；*area-id* 是 OSPF 区域标识符。

3. 配置串行接口的时钟频率

```
clock rate number
```

用 clock rate 接口配置命令配置网络接口模块（NIM）和接口处理器等串行接口上硬件连接的时钟速率。

五、实验设备

路由器（3 台 2811）、实验用 PC（2 台）、串口线（2 根），交叉双绞线（2 根）。

六、实验拓扑（见图 3-5-1）

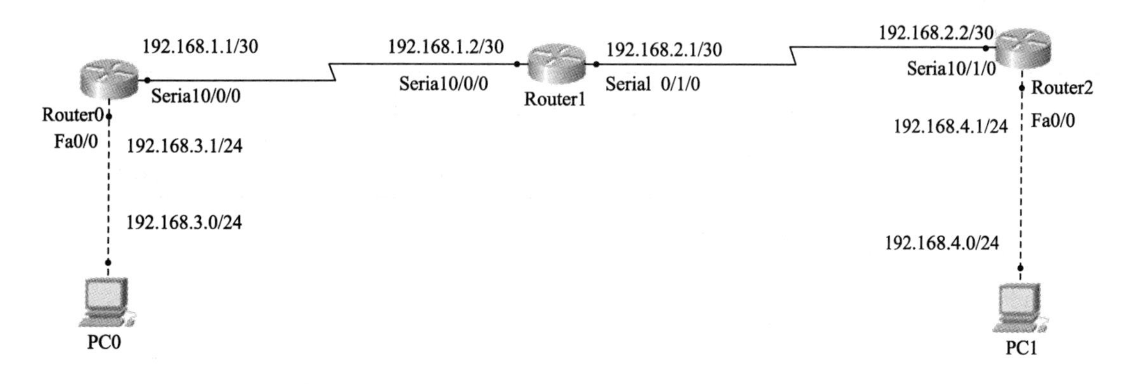

图 3-5-1　拓扑结构图

七、实验步骤

1. 按拓扑结构组成网络，配置计算机的 IP 地址

将三台路由器 Router0、Router1 和 Router2 之间使用串行电缆进行互联，连接端口均为 Serial0/0/0 和 Serial0/1/0。本实验选择 2811 型号的路由器，路由器需要添加 WIC-1T 串口模块，添加时需要先关闭路由器的电源，添加完成后，打开电源即可，此时就会添加上串口模块，添加界面如图 3-5-2 所示。

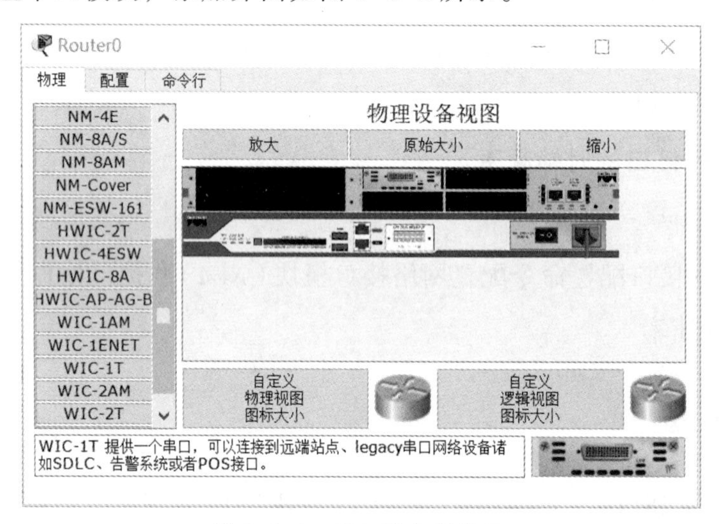

图 3-5-2 添加路由器模块

将 PC0、PC1 通过交叉线分别接入路由器 Router0、Router2 的端口，并分别设置 IP 地址、子网掩码、网关，如表 3-5-1 所示。

表 3-5-1 两台计算机的配置情况

计算机	路由器	接口	IP 地址	子网掩码	网关
PC0	Router0	Fa0/0	192.168.3.2	255.255.255.0	192.168.3.1
PC1	Router2	Fa0/0	192.168.4.2	255.255.255.0	192.168.4.1

2. 路由器 Router0 的基本配置

```
Router>
Router>enable
Router#config terminal
Router(config)#hostname Router0
Router0(config)#interface fastEthernet 0/0
Router0(config-if)#ip address 192.168.3.1 255.255.255.0
Router0(config-if)#no shutdown
Router0(config-if)#exit
```

```
Router0(config)#interface serial 0/0/0
Router0(config-if)#ip address 192.168.1.1 255.255.255.252
Router0(config-if)#no shutdown
Router0(config-if)#exit
Router0(config)#
```

3. 路由器 Router0 配置 OSPF 路由协议

```
Router0(config)#router ospf 1
Router0(config-router)#network 192.168.3.0 0.0.0.255 area 0
Router0(config-router)#network 192.168.1.0 0.0.0.3 area 0
Router0(config-router)#exit
Router0(config)#
```

4. 路由器 Router1 的基本配置

```
Router>
Router>enable
Router#config terminal
Router(config)#hostname Router1
Router1(config)#interface serial 0/0/0
Router1(config-if)#ip address 192.168.1.2 255.255.255.252
Router1(config-if)#clock rate 64000
Router1(config-if)#no shutdown
Router1(config-if)#exit
Router1(config)#interface serial 0/1/0
Router1(config-if)#ip address 192.168.2.1 255.255.255.252
Router1(config-if)#clock rate 64000
Router1(config-if)#no shutdown
Router1(config-if)#exit
Router1(config)
```

如果两台路由器通过串口直接连接，则必须在其中一端设置时钟频率。务必注意只能为其中的一个串行端口配置时钟频率，而不能在两个端口上同时配置，否则这条链路将无法正常通信。

5. 路由器 Router1 配置 RIP 路由协议

```
Router1(config)#router ospf 2
Router1(config-router)#network 192.168.1.0 0.0.0.3 area 0
Router1(config-router)#networ 192.168.2.0 0.0.0.3 area 0
Router1(config-router)#exit
Router1(config)#
```

6. 路由器 Router2 的基本配置

```
Router>enable
```

```
Router#config terminal
Router(config)#hostname Router2
Router2(config)#interface serial 0/1/0
Router2(config-if)#ip address 192.168.2.2 255.255.255.252
Router2(config-if)#no shutdown
Router2(config-if)#exit
Router2(config)#interface fastEthernet 0/0
Router2(config-if)#ip address 192.168.4.1 255.255.255.0
Router2(config-if)#no shutdown
Router2(config)#
```

7. 路由器 Router2 配置 RIP 路由协议

```
Router2(config)#router ospf 3
Router2(config-router)#network 192.168.2.0 0.0.0.3 area 0
Router2(config-router)#network 192.168.4.0 0.0.0.255 area 0
Router2(config-router)#exit
Router2(config)#
```

八、结果验证

1. 测试两个网段计算机的连通性

在 PC0 计算机上，用 ping 命令测试与 PC2 的连通性。PC0 与 PC2 测试结果如图 3-5-3 所示，可以看出 PC0 与 PC2 是连通的。

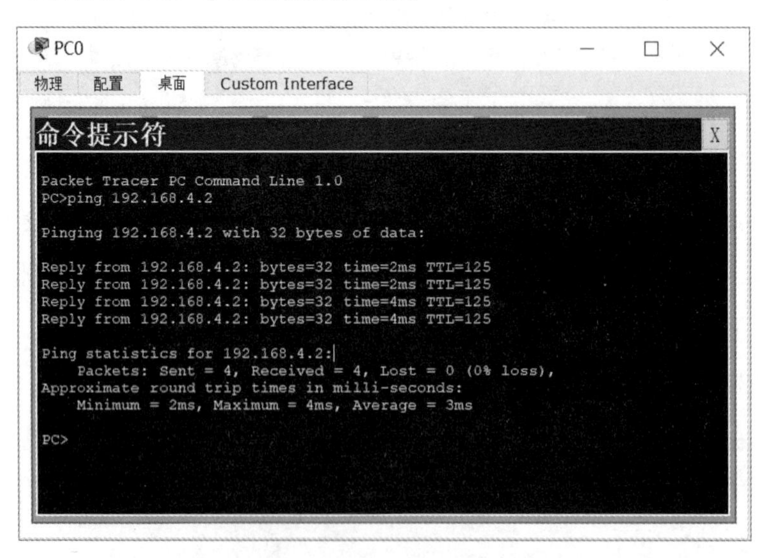

图 3-5-3 测试结果

2. 查看路由器 Router0 的路由表

在路由器的特权模式下，使用 show ip route 命令显示路由器 Router0 的路由表，结果如图 3-5-4 所示。从图中可知，当前路由器的路由表包括 4 项内容。192.168.1.0/30 和 192.168.3.0/24 是路由器 Router0 直接相连的网络。192.168.2.0/30 和 192.168.4.0/24 两个网络是通过 OSPF 协议得出的路由表项，用字母 O 表示。要到达这两个目的网络，下一跳的路由器的地址为 192.168.1.2。

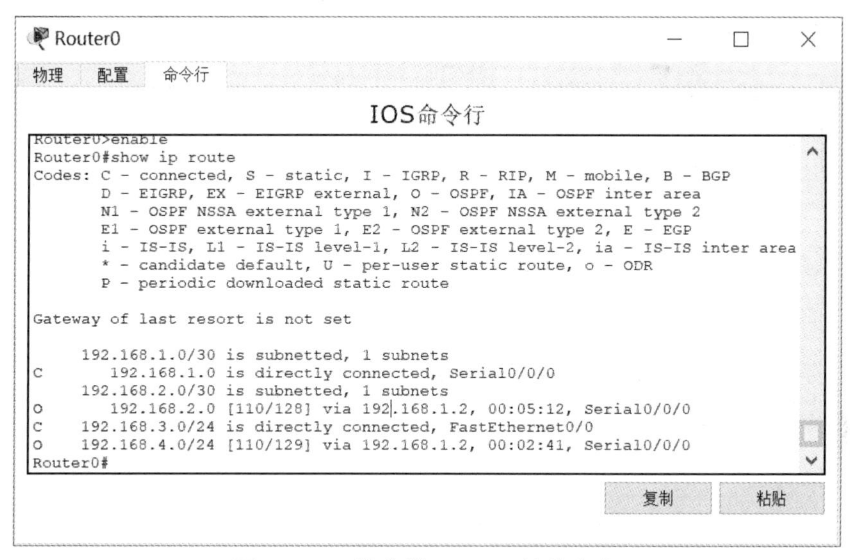

图 3-5-4 路由器 Router0 的路由表

3. 查看路由器 Router1 的路由表

在路由器的特权模式下，使用 show ip route 命令显示路由器 Router1 的路由表，结果如图 3-5-5 所示。

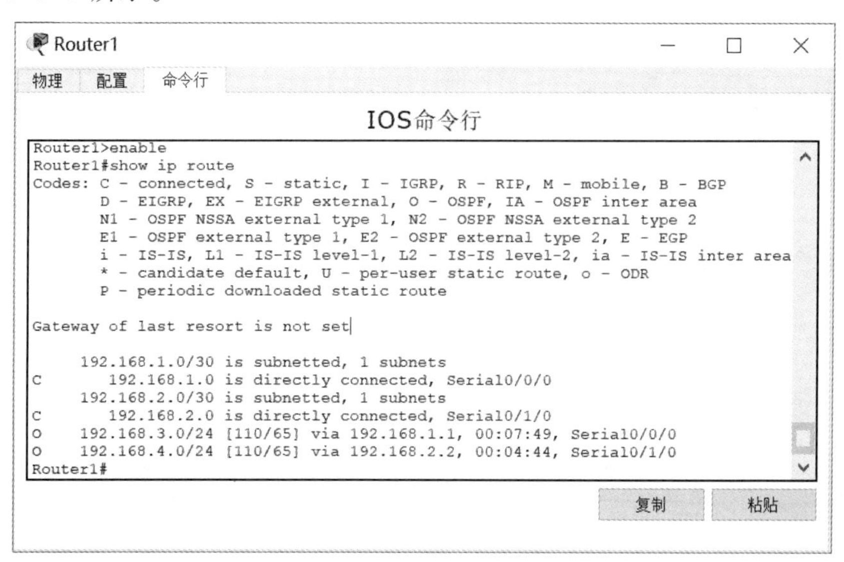

图 3-5-5 路由器 Router1 的路由表

4. 查看路由器 Router2 的路由表

在路由器的特权模式下，使用 show ip route 命令显示路由器 Router2 的路由表，结果如图 3-5-6 所示。

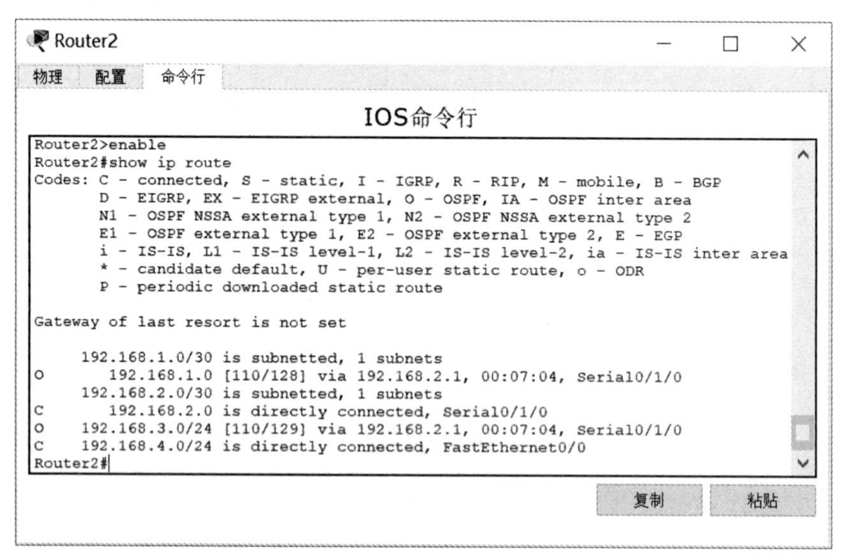

图 3-5-6　路由器 Router2 的路由表

九、思考题

试比较 OSPF 路由协议和 RIP 路由协议工作原理的不同之处。

第4章 访问控制列表

 4.1 标准访问控制列表的配置与应用

一、实验目的

（1）掌握标准访问控制列表的工作原理。

（2）掌握标准访问控制列表的配置与应用。

二、实验内容

通过标准访问控制列表限制来自某个网络的访问（学生宿舍计算机不能访问教务处办公计算机，而教师办公室计算机可以访问教务处办公计算机）。

三、实验原理

访问控制列表（Access Control List，ACL）是一种基于包过滤的访问控制技术，它可以根据设定的条件对接口上的数据包进行过滤，允许其通过或丢弃。访问控制列表被广泛地应用于路由器和三层交换机，借助于访问控制列表，可以有效地控制用户对网络的访问，从而最大限度地保障网络安全。访问控制列表（ACL）实际上是一系列允许（Permit）和拒绝（Deny）匹配准则的集合。

IP 访问控制列表可以分为两大类：

（1）标准 IP 访问控制列表：只对数据包的源 IP 地址进行检查。其列表号为 1~99 或 1300~1999。标准访问控制列表只使用 IP 数据包的源 IP 地址作为条件测试。因此标准访问控制列表基本上运行或拒绝整个协议组，它不区分 IP 流量的类型。

（2）扩展 IP 访问控制列表：对数据包的源 IP 地址、目标 IP 地址、源端口号和目标端口号等进行检查，因此扩展 IP 访问控制列表可以允许或拒绝部分协议，如 FTP、Telnet、SNMP 等。其列表号为 100~199 或 2 000~2 699。

标准 IP 访问控制列表只检查数据包的源 IP 地址，从而允许或拒绝某个 IP 网络、子网或主机的所有通信流量通过路由器的接口。定义标准 IP 访问控制列表需要使用 access-list 命令来完成。

一旦创建了访问控制列表，不能马上起作用，还必须把访问控制列表应用在路由的某个接口上，访问控制列表可以应用到路由器入口也可以应用到路由器出口。

四、关键命令

1. 标准访问控制列表命令

```
access-list access-list-number {deny|permit} source-address [source-wildcard]
```

access-list-number 表示访问控制列表的号码，标准 IP 访问控制列表的编号为 1~99 或 1 300~1 999。

对符合匹配语句的数据包所采取的动作：permit 代表允许数据包通过；deny 代表拒绝数据包通过。

source-address 表示数据包的源地址，它可以是某个网络、某个子网或某台主机。

source-wildcard 表示数据包源地址的通配符掩码，用来和源地址一起使用，决定哪些位需要匹配，是可选项。

2. 将访问控制列表应用到某个接口

```
ip access-group access-list-number {in|out}
```

in 表示数据包在进入接口时进行检查;out 表示在数据包离开接口时进行检查。

五、实验设备

路由器（2 台）、实验用 PC（3 台）、交叉双绞线（3 根）、串口线（1 根）。

六、实验拓扑（见图 4-1-1）

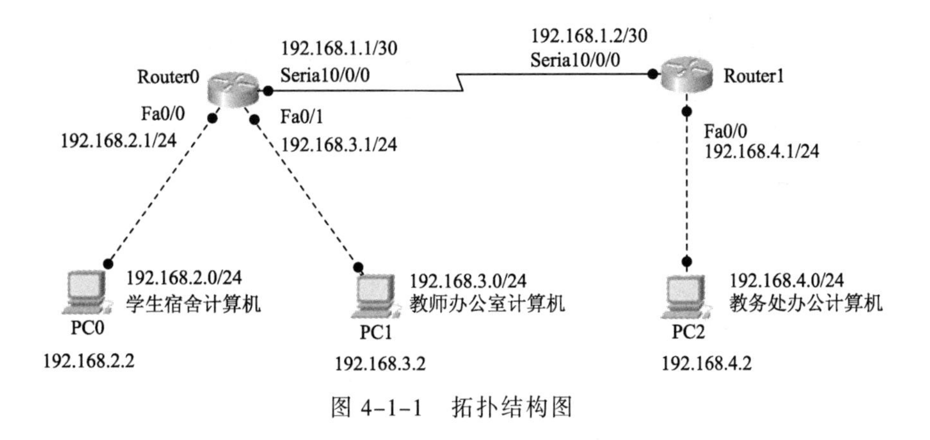

图 4-1-1　拓扑结构图

七、实验步骤

1. 按拓扑结构组成网络，配置计算机的 IP 地址

将两台路由器 Router0 和 Router1 之间使用串行电缆进行互连，连接端口都为 Serial0/0/0 和 Serial0/0/0。本实验选择的是 2811 型号的路由器，路由器需要添加 WIC-1T 串口模块，添加时需要先关闭路由器的电源，添加完成后，打开电源即可，此时就会添加上串口模块，添加界面如图 4-1-2 所示。

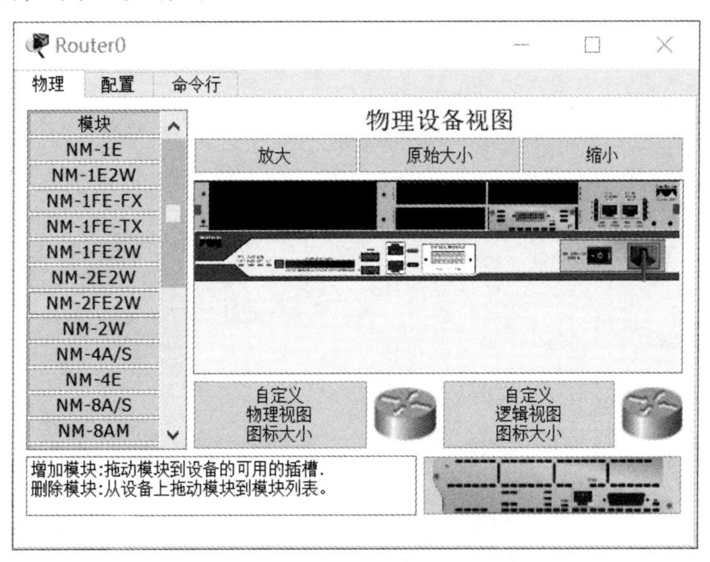

图 4-1-2　添加路由器模块

将 PC0、PC1、PC2 通过交叉线分别接入路由器 Router0、Router1 的端口，并分别设置 IP 地址、子网掩码、网关，如表 4-1-1 所示。

表 4-1-1 三台计算机的配置情况

计 算 机	路 由 器	接 口	IP 地址	子 网 掩 码	网 关
PC0	Router0	Fa0/0	192.168.2.2	255.255.255.0	192.168.2.1
PC1	Router0	Fa0/1	192.168.3.2	255.255.255.0	192.168.3.1
PC2	Router1	Fa0/0	192.168.4.2	255.255.255.0	192.168.4.1

2. 路由器 Router0 的基本配置

```
Router>enable
Router#config terminal
Router(config)#hostname Router0
Router0(config)#interface serial0/0/0
Router0(config-if)#ip address 192.168.1.1 255.255.255.252
Router0(config-if)#clock rate 64000
Router0(config-if)#no shutdown
Router0(config-if)#exit
Router0(config)#interface fastEthernet 0/0
Router0(config-if)#ip address 192.168.2.1 255.255.255.0
Router0(config-if)#no shutdown
Router0(config)#interface fastEthernet 0/1
Router0(config-if)#ip address 192.168.3.1 255.255.255.0
Router0(config-if)#no shutdown
Router0(config-if)#exit
Router0(config)#
```

3. 路由器 Router0 配置 RIP 路由协议

```
Router0(config)#router rip
Router0(config-router)#version 2
Router0(config-router)#network 192.168.2.0
Router0(config-router)#network 192.168.3.0
Router0(config-router)#network 192.168.1.0
Router0(config-router)#exit
Router0(config)#
```

4. 路由器 Router1 的基本配置

```
Router>enable
Router#config terminal
Router(config)#hostname Router1
Router1(config)#interface serial0/0/0
Router1(config-if)#ip address 192.168.1.2 255.255.255.252
Router1(config-if)#no shutdown
Router1(config-if)#exit
Router1(config)#interface fastEthernet 0/0
```

```
Router1(config-if)#ip address 192.168.4.1 255.255.255.0
Router1(config-if)#no shutdown
Router1(config-if)#exit
Router1(config)#
```

如果两台路由器通过串口直接连接，则必须在其中一端设置时钟频率。务必注意只能为其中的一个串行端口配置时钟频率，而不能在两个端口上同时配置，否则这条链路将无法正常通信。

5. 路由器 Router1 配置 RIP 路由协议

```
Router1(config)#router rip
Router1(config-router)#version 2
Router1(config-router)#network 192.168.1.0
Router1(config-router)#net
Router1(config-router)#network 192.168.4.0
Router1(config-router)#exit
Router1(config)#exit
Router1#
```

在配置访问控制列表前，测试三个网段之间的连通性。查看学生宿舍计算机、教师办公室计算机、教务处办公计算机之间是否能够互相访问。通过测试可发现，三个网段之间的计算机是可以互相访问的。

6. 路由器 Router1 配置访问控制列表

```
Router1#config terminal
Router1(config)#access-list 1 deny 192.168.2.0 0.0.0.255
Router1(config)#access-list 1 permit 192.168.3.0 0.0.0.255
```

7. 在端口上应用访问控制列表

```
Router1(config)#interface fastEthernet 0/0
Router1(config-if)#ip access-group 1 out
Router1(config-if)#exit
Router1(config)#exit
Router1#write memory
```

八、结果验证

1. 测试学生宿舍计算机与教务处办公计算机的连通性

在 PC0 计算机上，用 ping 命令测试与 PC2 的连通性。PC0 与 PC2 测试结果如图 4-1-3 所示，可以看出 PC0 与 PC2 是无法连通的，也就是学生宿舍计算机无法访问教务处办公计算机。

PC0

物理 配置 桌面 Custom Interface

命令提示符

```
Packet Tracer PC Command Line 1.0
PC>ping 192.168.4.2

Pinging 192.168.4.2 with 32 bytes of data:

Reply from 192.168.1.2: Destination host unreachable.
Reply from 192.168.1.2: Destination host unreachable.
Reply from 192.168.1.2: Destination host unreachable.
Reply from 192.168.1.2: Destination host unreachable.

Ping statistics for 192.168.4.2:
    Packets: Sent = 4, Received = 0, Lost = 4 (100% loss),

PC>
```

图 4-1-3 测试结果

2. 测试教师办公室计算机与教务处计算机的连通性

在 PC1 计算机上，用 ping 命令测试与 PC2 的连通性。PC1 与 PC2 测试结果如图 4-1-4 所示，可以看出 PC1 与 PC2 是连通的，也就是教师办公室计算机可以访问教务处办公计算机。

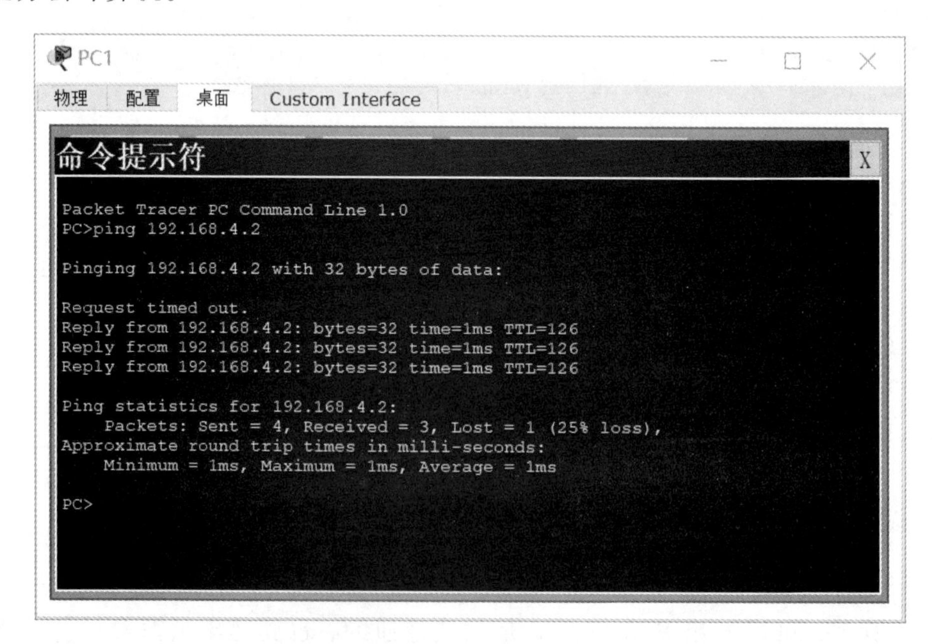

图 4-1-4 路由器路由表

九、思考题

教务处办公计算机能访问学生宿舍计算机吗？

4.2　扩展访问控制列表的配置与应用

一、实验目的

（1）掌握扩展访问控制列表的工作原理。

（2）掌握扩展访问控制列表的配置与应用。

二、实验内容

通过扩展访问控制列表限制来自某个网络的访问。学校服务器同时安装了 WWW 和 FTP 服务，要求学生宿舍计算机不能访问 FTP 服务，但可以访问 WWW 服务；教师办公室计算机既可以访问 FTP 服务，又可以访问 WWW 服务。

三、实验原理

标准 IP 访问控制列表是不能完成实验内容的，它只能对数据包的源地址进行识别，如果用标准 IP 访问控制列表允许了外部到服务器的访问，那么到服务器的所有流量都会被允许通过，包括 Web 和 FTP。扩展 IP 访问控制列表不但可以检查数据包的源 IP 地址，还可以检查数据包的目标地址、协议类型及端口号等。扩展访问控制列表灵活性和扩展性更强，它可以运行或者拒绝某个 IP 网络、子网或主机的某个协议的通信流量通过路由器的端口。

四、关键命令

1. 扩展访问控制列表命令

```
access-list access-list-number {permit|deny} protocol source-address source-wildcard [operator port] destination-address destination-wildcard [operator port] [established] [log]
```

access-list-number 表示访问控制列表的号码，扩展访问控制列表的编号为 100 ~ 199 或 2 000 ~ 2 699。

对符合匹配语句的数据包所采取的动作：permit 代表允许数据包通过；deny 代表拒绝数据包通过。

protocol 表示数据包所采用的协议，它可以是 IP、TCP、UDP、IGMP 等。

source-address 表示数据包的源地址，它可以是某个网络、某个子网或者某台主机。

source-wildcard 数据包源地址的通配符掩码，用来和源地址一起使用决定哪些位需要匹配，是可选项。

operator 指定逻辑操作，可以是 eq（等于）、neq（不等于）、gt（大于）、lt（小于），或者是一个 range（范围）。

port 指明被匹配的应用层端口号，例如：telnet 为 23、FTP 为 20 和 21。

destination-address 表示数据包的目的地址，它可以是某个网络、某个子网或者某台主机。

destination-wildcard 表示数据包目的地址的通配符掩码，用来和目的地址一起使用决定哪些位需要匹配，是可选项。

established 只针对 TCP 协议，如果数据包使用一个已经建立的连接，则运行 TCP 信息量通过。

log 将日志消息发送给控制台。

2. 将访问控制列表应用到某个接口

```
ip access-group access-list-number {in|out}
```

in 表示数据包在进入接口时进行检查；out 表示在数据包离开接口时进行检查。

五、实验设备

路由器（2 台）、实验用 PC（2 台）、服务器（1 台）、交叉双绞线（3 根）、串口线（1 根）。

六、实验拓扑（见图 4-2-1）

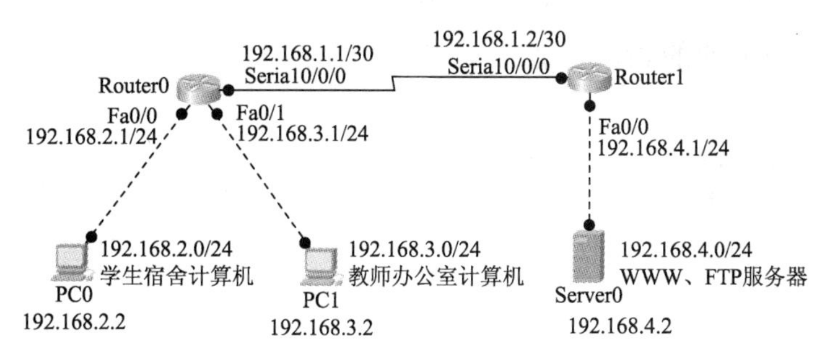

图 4-2-1　拓扑结构图

七、实验步骤

1．按拓扑结构组成网络，配置计算机的 IP 地址

将两台路由器 Router0 和 Router1 之间使用串行电缆进行互连，连接端口均为 Serial0/0/0 和 Serial0/0/0。本实验选择 2811 型号的路由器，路由器需要添加 WIC-1T 串口模块，添加时需要先关闭路由器的电源，添加完成后，打开电源即可，此时就会添加上串口模块，添加界面如图 4-2-2 所示。

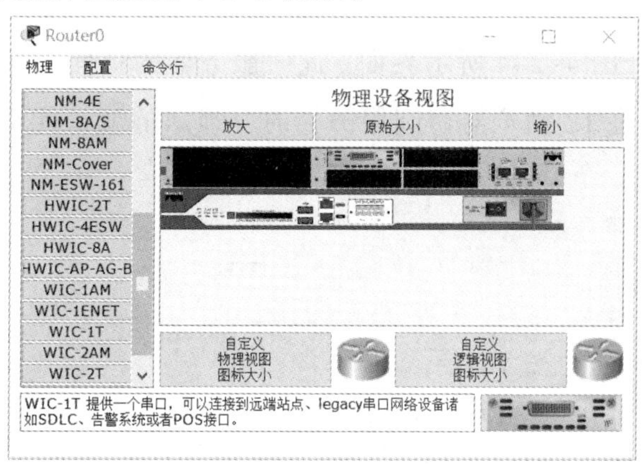

图 4-2-2　添加路由器模块

将 PC0、PC1、Server0 通过交叉线分别接入路由器 Router0、Router1 的端口，并分别设置 IP 地址、子网掩码、网关，如表 4-2-1 所示。

表 4-2-1　计算机和服务器的配置情况

计　算　机	路　由　器	接　　口	IP 地址	子 网 掩 码	网　　关
PC0	Router0	Fa0/0	192.168.2.2	255.255.255.0	192.168.2.1
PC1	Router0	Fa0/1	192.168.3.2	255.255.255.0	192.168.3.1
Server0	Router1	Fa0/0	192.168.4.2	255.255.255.0	192.168.4.1

2. 配置 Server0 服务器

单击 Server0 服务器，打开服务器的配置界面，选择配置选项卡，如图 4-3-2 所示。左侧列显示服务器的相关功能。

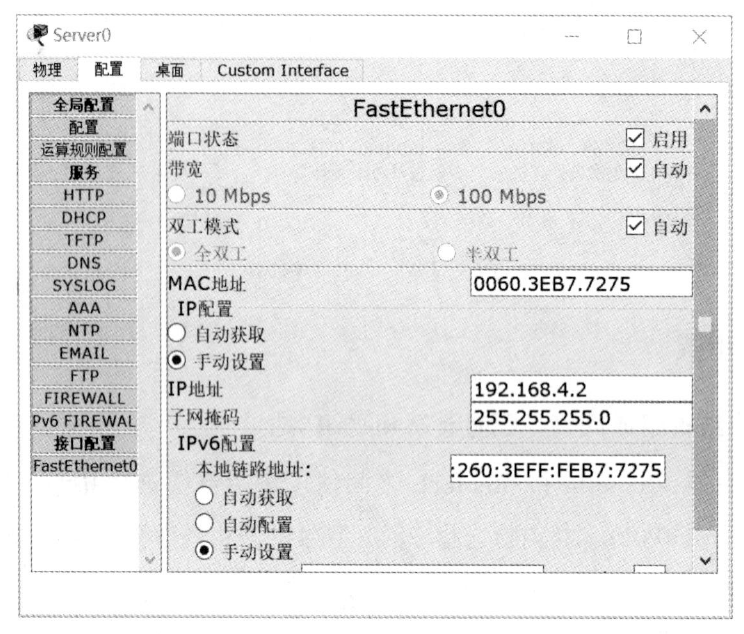

图 4-2-3 服务器配置界面

单击 HTTP，打开图 4-2-4 所示界面。此时服务器的页面文件为 index.html，页面为标记语言。当用户在 IE 浏览器访问服务器时，显示的就是此页面。

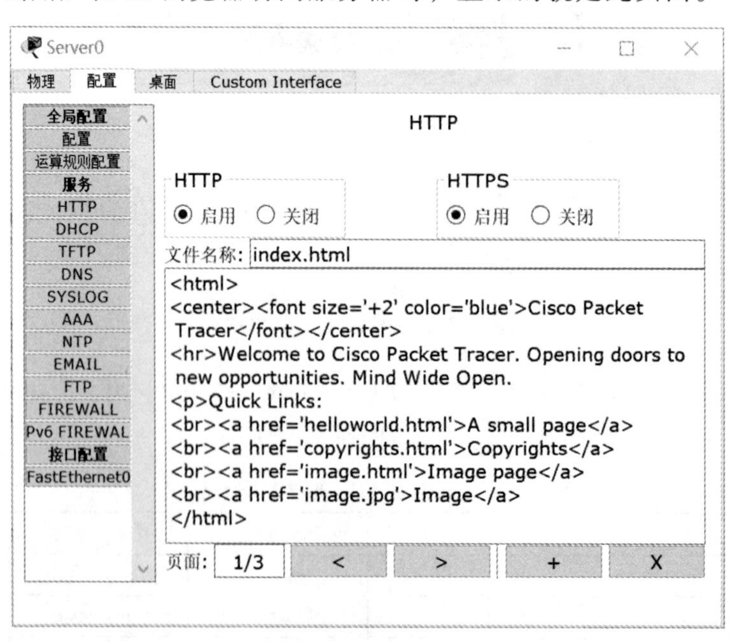

图 4-2-4 服务器配置界面

单击 FTP，打开图 4-2-5 所示界面。此时服务器的 FTP 功能已经开启，有一个默认的 FTP 用户，用户名为 cisco，密码为 cisco。

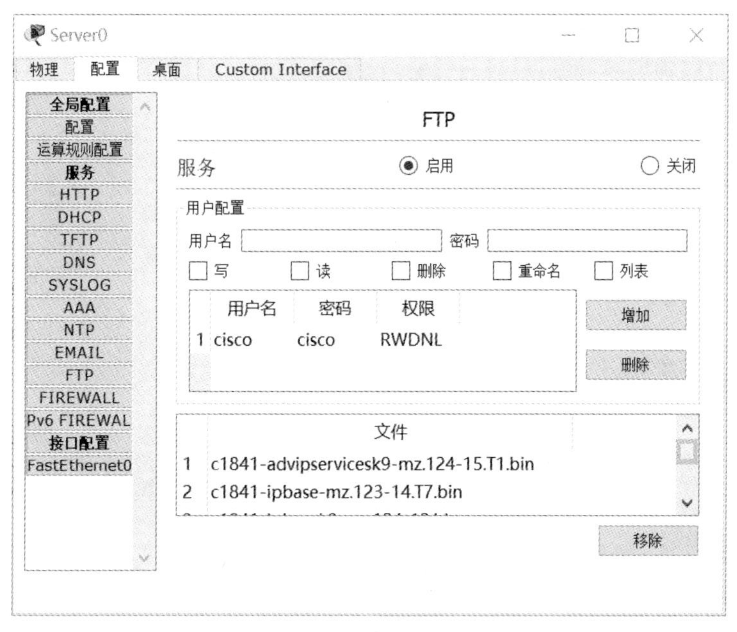

图 4-2-5　服务器配置界面

3. 路由器 Router0 的基本配置

```
Router>enable
Router#config terminal
Router(config)#hostname Router0
Router0(config)#interface serial 0/0/0
Router0(config-if)#ip address 192.168.1.1 255.255.255.252
Router0(config-if)#clock rate 64000
Router0(config-if)#no shutdown
Router0(config-if)#exit
Router0(config)#interface fastEthernet 0/0
Router0(config-if)#ip address 192.168.2.1 255.255.255.0
Router0(config-if)#no shutdown
Router0(config)#interface fastEthernet 0/1
Router0(config-if)#ip address 192.168.3.1 255.255.255.0
Router0(config-if)#no shutdown
Router0(config-if)#exit
Router0(config)#
```

4. 路由器 Router0 配置 RIP 路由协议

```
Router0(config)#router rip
Router0(config-router)#version 2
```

```
Router0(config-router)#network 192.168.2.0
Router0(config-router)#network 192.168.3.0
Router0(config-router)#network 192.168.1.0
Router0(config-router)#exit
Router0(config)#
```

5．路由器 Router1 的基本配置

```
Router>enable
Router#config terminal
Router(config)#hostname Router1
Router1(config)#interface serial 0/0/0
Router1(config-if)#ip address 192.168.1.2 255.255.255.252
Router1(config-if)#no shutdown
Router1(config-if)#exit
Router1(config)#interface fastEthernet 0/0
Router1(config-if)#ip address 192.168.4.1 255.255.255.0
Router1(config-if)#no shutdown
Router1(config-if)#exit
Router1(config)#
```

如果两台路由器通过串口直接连接，则必须在其中一端设置时钟频率。务必注意只能为其中的一个串行端口配置时钟频率，而不能在两个端口上同时配置，否则这条链路将无法正常通信。

6．路由器 Router1 配置 RIP 路由协议

```
Router1(config)#router rip
Router1(config-router)#version 2
Router1(config-router)#network 192.168.1.0
Router1(config-router)#net
Router1(config-router)#network 192.168.4.0
Router1(config-router)#exit
Router1(config)#exit
Router1#
```

在配置访问控制列表前,测试学生宿舍计算机是否能通过 IE 访问服务器的 WWW 服务和 FTP 服务。在 PC0 的“命令提示符”界面中输入 ftp 192.168.4.2，输入用户名和密码后可以进入 FTP 服务器，如图 4-2-6（a）所示。

在 PC0 的“WEB 浏览器”界面输入 http://192.168.4.2，返回的结果如图 4-2-6（b）所示。由结果可知此时学生宿舍计算机可以访问服务器的 FTP 和 WWW 功能。用同样的方法测试教师办公室计算机能否访问服务器的 WWW 服务和 FTP 服务。

（a）

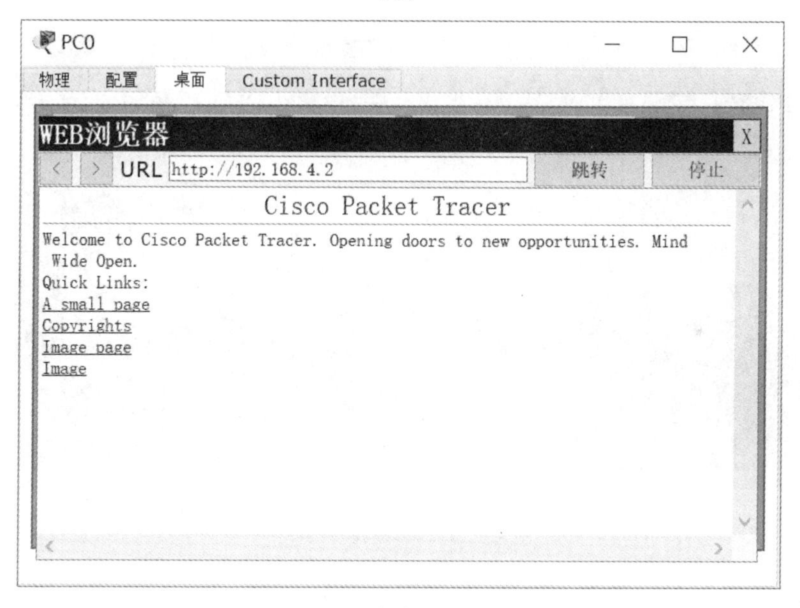

（b）

图 4-2-6　测试界面

7. Router1 配置访问控制列表，限制学生宿舍计算机访问服务器 FTP 功能

```
Router1#config terminal
Router1(config)#access-list100 deny tcp 192.168.2.0 0.0.0.255 host 192.168.4.2 eq 21
Router1(config)#access-list100 deny tcp 192.168.2.0 0.0.0.255 host 192.168.4.2 eq 20
Router1(config)#access-list 100 permit ip any any
```

8．在端口上应用访问控制列表

```
Router1(config)#interface serial 0/0/0
Router1(config-if)#ip access-group 100 out
Router1(config-if)#exit
Router1(config)#exit
Router1#write memory
```

八、结果验证

1．测试学生宿舍计算机访问服务器的 FTP 服务

在 PC0 的“命令提示符”界面输入 ftp 192.168.4.2，测试结果如图 4-2-7 所示，可以看出此时 PC0 已无法访问服务器的 FTP 功能。

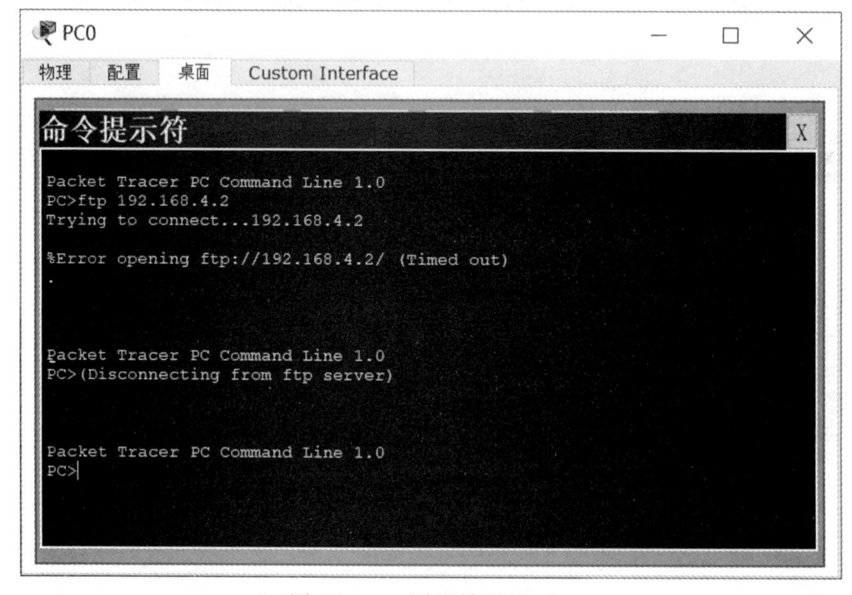

图 4-2-7　测试结果（1）

2．测试学生宿舍计算机访问服务器的 WWW 服务

在 PC0 的“WEB 浏览器”界面输入 http://192.168.4.2，返回的结果如图 4-2-8 所示。由图可知，虽然学生计算机 PC0 不能访问服务器的 FTP 功能，但是能够访问服务器的 WWW 功能。

3．测试教师办公室计算机访问服务器的 FTP 服务

在 PC1 的“命令提示符”界面输入 ftp 192.168.4.2，测试结果如图 4-2-9 所示，可以看出，此时 PC1 仍然能访问服务器的 FTP 功能。由此可见，通过扩展访问控制列表实现了对同一个目的主机不同服务的限制。

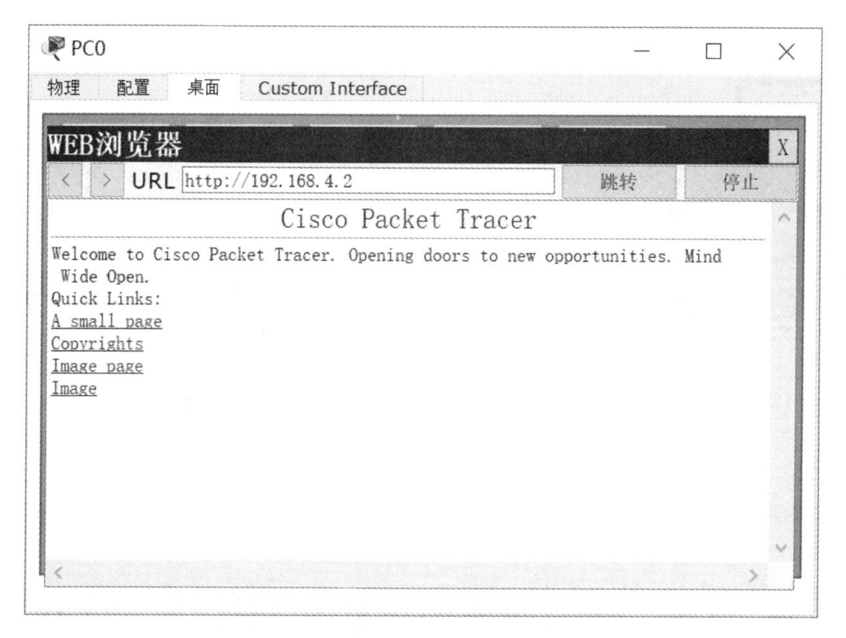

图 4-2-8　测试结果（2）

图 4-2-9　测试结果（3）

九、思考题

访问控制列表可以应用在其他路由器或其他端口上吗？

网络地址转换

5.1 静态网络地址转换的配置与应用

静态网络地址转换的配置与应用

一、实验目的

（1）掌握静态网络地址转换的工作原理。

（2）掌握静态网络地址转换的配置与应用。

二、实验内容

将多个内部本地地址一一映射成外部地址；将 WWW 服务器的 IP 地址 192.168.1.2 映射为 219.226.144.10；将 FTP 服务器的 IP 地址 192.168.1.3 映射为 219.226.144.11。

三、实验原理

静态 NAT 是指将内部网络的私有 IP 地址转换为公有 IP 地址，IP 地址对是一对一的，是一成不变的，某个私有 IP 地址只转换为某个公有 IP 地址。借助于静态转换，可以实现外部网络对内部网络中某些特定设备（如服务器）的访问。

四、关键命令

1. 将端口指定为内部端口

```
ip nat inside
```

2. 将端口指定为外部端口

```
ip nat outside
```

3. 在内部本地地址和全局地址之间建立静态转换

```
ip nat intside source static inside-local-address inside-global-address
```

inside-local-address 为内部本地地址；inside-global-address 为内部全局地址。

五、实验设备

路由器（2 台）、交换机（1 台）、实验用 PC（1 台）、服务器（2 台）、交叉双绞线（2 根）、直连双绞线（3 根）。

六、实验拓扑（见图 5-1-1）

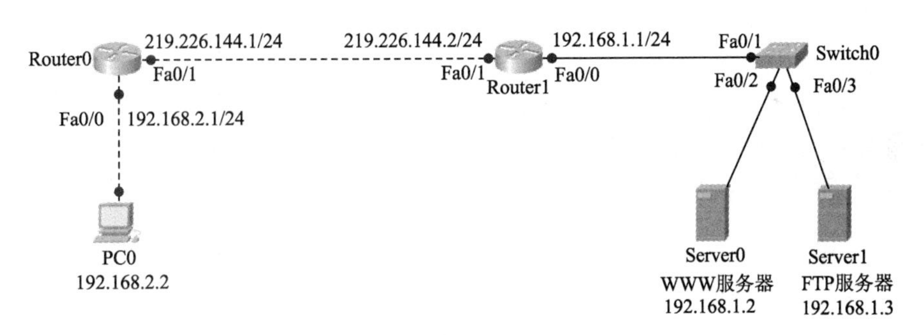

图 5-1-1　拓扑结构图

七、实验步骤

1. 按拓扑结构组成网络，配置计算机的 IP 地址

将 PC0 接入交换机 Router0 的 Fa0/0 端口，Server0、Server1 分别接入交换机 Switch0 的 Fa0/2 和 Fa0/3 端口，Switch0 接入路由器 Router1 的 Fa0/0 端口，并分别设置 IP 地址、子网掩码、网关，如表 5-1-1 所示。

表 5-1-1　计算机和服务器的配置情况

计　算　机	路由器/交换机	接　　口	IP 地址	子 网 掩 码	网　　关
PC0	Router0	Fa0/0	192.168.2.2	255.255.255.0	192.168.2.1
Server0	Switch0	Fa0/2	192.168.1.2	255.255.255.0	192.168.1.1
Server1	Switch0	Fa0/3	192.168.1.3	255.255.255.0	192.168.1.1

2. 路由器 Router0 的基本配置

```
Router>enable
Router#config terminal
Router(config)#hostname Router0
Router0(config)#interface fastEthernet 0/0
Router0(config-if)#ip address 192.168.2.1 255.255.255.0
Router0(config-if)#no shutdown
Router0(config-if)#exit
Router0(config)#interface fastEthernet 0/1
Router0(config-if)#ip address 219.226.144.1 255.255.255.0
Router0(config-if)#no shutdown
Router0(config-if)#exit
Router0(config)#ip route 192.168.1.0 255.255.255.0 219.226.144.2
Router0(config)#exit
Router0#write memory
```

3. 路由器 Router1 的基本配置

```
Router>enable
Router#config terminal
Router(config)#hostname Route1
Route1(config)#interface fastEthernet 0/0
Route1(config-if)#ip address 192.168.1.1 255.255.255.0
Route1(config-if)#no shutdown
Route1(config-if)#exit
Route1(config)#interface fastEthernet 0/1
Route1(config-if)#ip address 219.226.144.2 255.255.255.0
Route1(config-if)#no shutdown
Route1(config-if)#exit
Route1(config)#ip route 192.168.2.0 255.255.255.0 219.226.144.1
Route1(config)#
```

4. 路由器 Router1 配置静态 NAT

```
Route1(config)#interface fastEthernet 0/0
Route1(config-if)#ip nat inside
Route1(config-if)#exit
Route1(config)#interface fastEthernet 0/1
```

```
Route1(config-if)#ip nat outside
Route1(config-if)#exit
Route1(config)#ip nat inside source static 192.168.1.2 219.226.144.10
Route1(config)#ip nat inside source static 192.168.1.3 219.226.144.11
Route1(config)#exit
Route1#write memory
```

八、结果验证

1. 测试访问 WWW 服务器

在 PC0 计算机“WEB 浏览器”界面输入网址 http://219.226.144.10，测试结果如图 5-1-2 所示。虽然输入的地址是 219.226.144.10，但是 PC0 真正访问的是 IP 地址为 192.168.1.2 的 WWW 服务器，证明静态 NAT 配置成功。

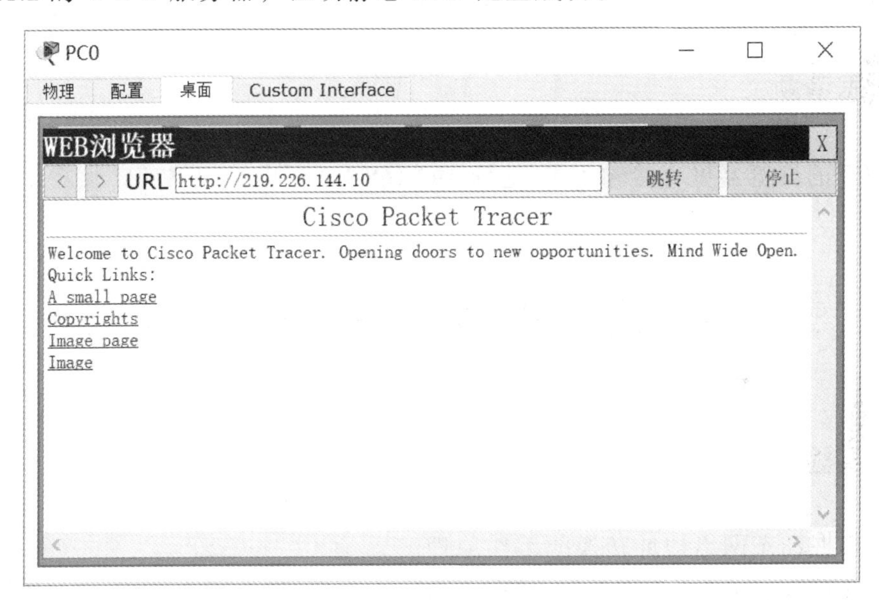

图 5-1-2　测试结果

2. 测试访问 FTP 服务器

在 PC0 计算机上，在“命令提示符”界面输入 ftp 219.226.144.11 后按【Enter】键，显示让输入 FTP 的用户名和密码，如图 5-1-3 所示。虽然输入的地址是 219.226.144.11，但是 PC0 真正访问的 IP 地址为 192.168.1.3 的 FTP 服务器，证明静态 NAT 配置成功。

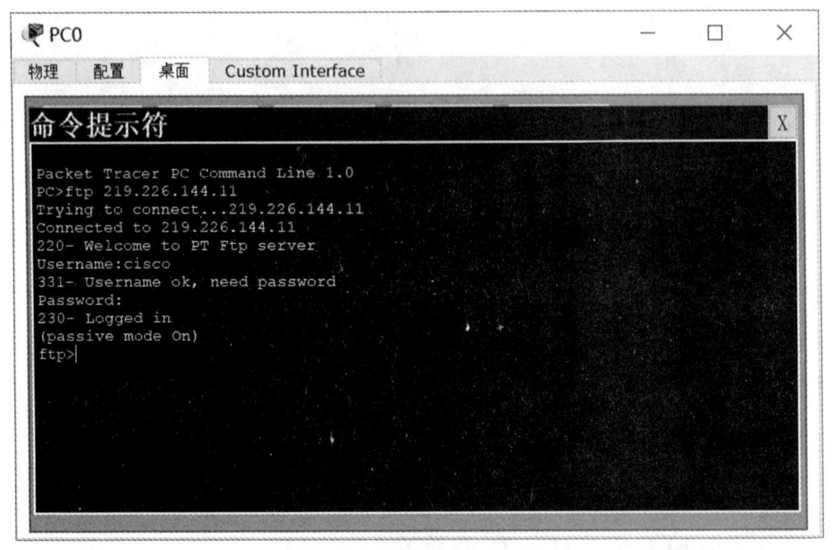

图 5-1-3　路由器路由表

九、思考题

在 PC0 的浏览器里直接输入 IP 地址 192.168.1.2 可以访问 WWW 服务器吗?

 5.2　动态网络地址转换的配置与应用

一、实验目的

(1) 掌握动态网络地址转换的工作原理。

(2) 掌握动态网络地址转换的配置与应用。

二、实验内容

将多个内部本地地址动态地映射成外部地址。将内网 192.168.1.0/24 内计算机动态地映射成 219.226.144.100～219.226.144.200 中的一个地址。

三、实验原理

动态 NAT 是指将内部网络的私有 IP 地址转换为公用 IP 地址时, IP 地址对是不确定的, 是随机的, 所有被授权访问 Internet 的私有 IP 地址可随机转换为任何指定的

合法 IP 地址。也就是说，只要指定哪些内部地址可以进行转换，以及用哪些合法地址作为外部地址时，就可以进行动态转换。

不管是静态 NAT 还是动态 NAT，在通信过程中都是实现私有 IP 地址和公有 IP 地址之间一对一的转换。静态 NAT 的私有 IP 地址和公有 IP 地址的一一对应是事先由网络管理员设置好的，例如，5.1 节的实验中 192.168.1.2 映射为 219.226.144.10，192.168.1.3 映射为 219.226.144.11，这个映射关系是不会改变的。而动态 NAT 的一一对应是动态变化的，也就是每次私有 IP 地址和公有 IP 地址的对应关系是可以变化的，使用某一私有 IP 地址的用户在不同的时间所获得的公有 IP 地址可能是不同的。例如，某一次 192.168.1.2 映射为 219.226.144.10，而下一次 192.168.1.2 映射为 219.226.144.11。

动态 NAT 定义了地址池以及一系列需要映射的内部本地地址。其中 NAT 地址池是一组连续的公有地址，而内部主机使用的私有地址可以和地址池中的任何一个可用的地址进行 NAT 转换。为了实现这一过程，需要在 NAT 路由器上使用访问控制列表定义允许哪一部分使用私有地址的内部主机可以使用地址池中的地址进行转换。

四、关键命令

1. 将端口指定为内部端口

```
ip nat inside
```

2. 将端口指定为外部端口

```
ip nat outside
```

3. 定义公有 IP 地址池

```
ip nat pool name start-ip end-ip netmask netmask
```

name 是公有 IP 地址池的名字。

start-ip 是起始 IP 地址；end-ip 是结束地址。

netmask 是一组 IP 地址的子网掩码。

4. 通过访问控制列表定义私有 IP 地址访问

```
ip nat inside source list access-list-number pool name
```

access-list-number 用于指定哪些私有 IP 地址可以与地址池里的某个公有 IP 地址进行绑定。

name 是已经定义好的公有 IP 地址池的名字。

五、实验设备

路由器（2 台）、交换机（1 台）、实验用 PC（4 台）、服务器（1 台）、交叉双绞线（2 根）、直连双绞线（5 根）。

六、实验拓扑（见图 5-2-1）

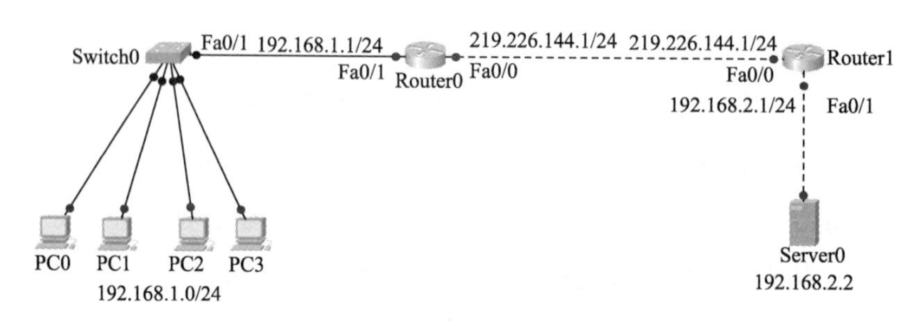

图 5-2-1　拓扑结构图

七、实验步骤

1. 按拓扑结构组成网络，配置计算机的 IP 地址

将 PC0、PC1、PC2、PC3 分别接入交换机 Switch0 的 Fa0/2、Fa0/3、Fa0/4、Fa0/5 端口，交换机 Switch0 接入路由器 Router0 的 Fa0/1 端口。Server0 服务器接入路由器的 Fa0/1 端口。分别设置计算机和服务器的 IP 地址、子网掩码、网关，如表 5-2-1 所示。

表 5-2-1　计算机和服务器的配置情况

计　算　机	路由器/交换机	接　　口	IP 地址	子 网 掩 码	网　　关
PC0	Switch0	Fa0/2	192.168.1.2	255.255.255.0	192.168.1.1
PC1	Switch0	Fa0/3	192.168.1.3	255.255.255.0	192.168.1.1
PC2	Switch0	Fa0/4	192.168.1.4	255.255.255.0	192.168.1.1
PC3	Switch0	Fa0/5	192.168.1.5	255.255.255.0	192.168.1.1
Server0	Router1	Fa0/1	192.168.2.2	255.255.255.0	192.168.2.1

2. 路由器 Router0 的基本配置

```
Router>enable
Router#config terminal
router0(config)#interface fastEthernet 0/1
router0(config-if)#ip address 192.168.1.1 255.255.255.0
router0(config-if)#no shutdown
router0(config-if)#exit
```

```
router0(config)#interface fastEthernet 0/0
router0(config-if)#ip address 219.226.144.1 255.255.255.0
router0(config-if)#no shutdown
router0(config-if)#exit
router0(config)#ip route 192.168.2.0 255.255.255.0 219.226.144.2
router0(config)#exit
router0#write memory
```

3. 路由器 Router1 的基本配置

```
Router>enable
Router#config terminal
Router(config)#hostname Router1
Router1(config)#interface fastEthernet 0/0
Router1(config-if)#ip address 219.226.144.2 255.255.255.0
Router1(config-if)#no shutdown
Router1(config-if)#exit
Router1(config)#interface fastEthernet 0/1
Router1(config-if)#ip address 192.168.2.1 255.255.255.0
Router1(config-if)#no shutdown
Router1(config-if)#exit
Router1(config)#ip route 192.168.1.0 255.255.255.0 219.226.144.1
Router1(config)#
```

4. 路由器 Router0 配置动态 NAT

```
Router0(config)#interface fastEthernet 0/1
Router0(config-if)#ip nat inside
Router0(config-if)#exit
Router0(config)#interface fastEthernet 0/0
Router0(config-if)#ip nat outside
Router0(config-if)#exit
Router0(config)#ip nat pool jsj 219.226.144.100 219.226.144.200 netmask
255.255.255.0
Router0(config)#access-list 10 permit 192.168.1.0 0.0.0.255
Router0(config)#ip nat inside source list 10 pool jsj
Router0(config)#exit
Router0#write memory
```

八、结果验证

1. 第一次测试动态 NAT

用 PC0、PC1、PC2、PC3 分别访问服务器后，在路由器 Router0 上使用 show ip nat translations 命令显示路由器的 NAT 转发表，结果如图 5-2-2 所示。

由结果可知计算机内网的私有 IP 地址 192.168.1.2、192.168.1.3、192.168.1.4、192.168.1.5 分别对应转换成了公有 IP 地址 219.226.144.103、219.226.144.104、219.226.144.105、219.226.144.106。

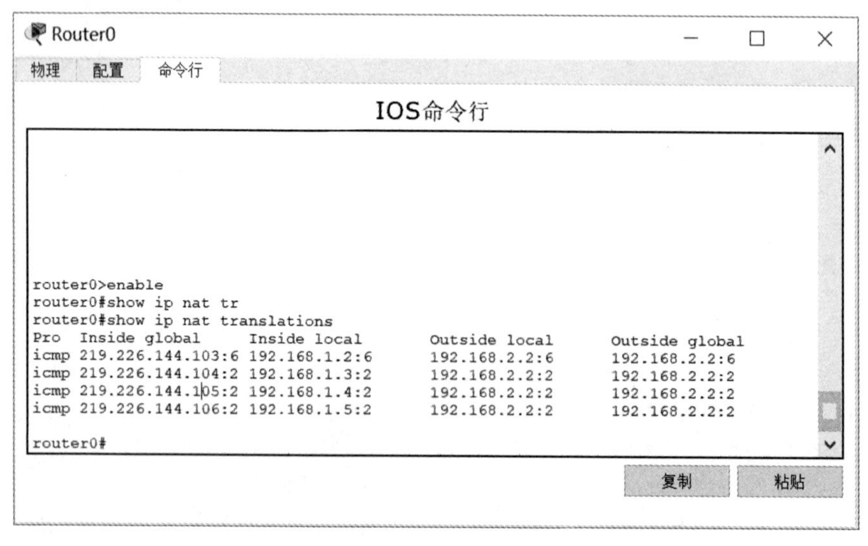

图 5-2-2　测试结果

2. 第二次测试动态 NAT

当再次用 PC0、PC1、PC2、PC3 分别访问服务器后，在路由器 Router0 上使用 show ip nat translations 命令显示路由器的 NAT 转发表，此时 IP 地址的对应关系就会发生改变，结果如图 5-2-3 所示。

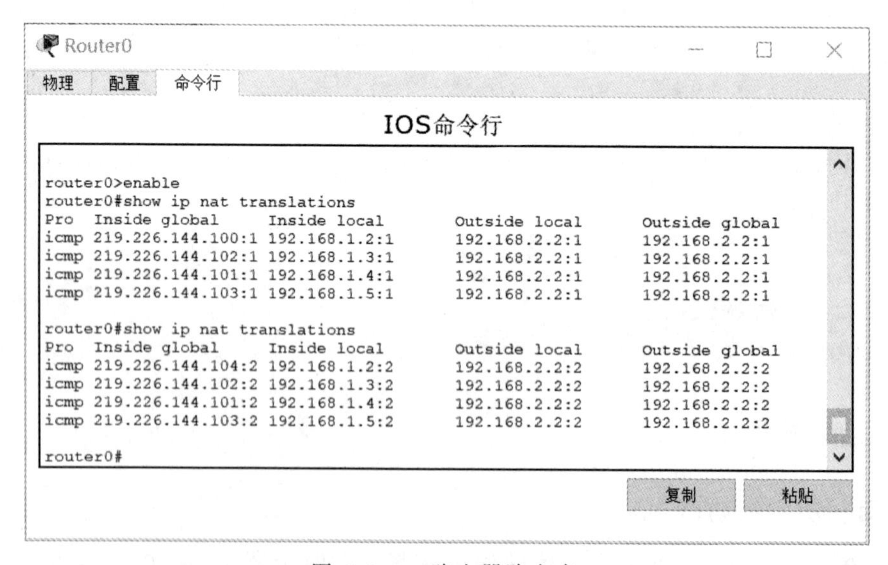

图 5-2-3　路由器路由表

九、思考题

为什么在路由器 Router0 上再次使用 show ip nat translations 命令时，NAT 表的对应关系会发生改变？

5.3　网络地址端口转换 PAT 的配置与应用

一、实验目的

（1）掌握网络地址端口转换 PAT 的工作原理。

（2）掌握网络地址端口转换 PAT 的配置与应用。

二、实验内容

将多个内部本地地址动态地映射成一个外部地址。将内网 192.168.1.0/24 中的计算机动态地映射成 219.226.144.10。

三、实验原理

PAT（port-address-translation）是端口地址转换。PAT 普遍应用于接入设备中，它可以将中小型的网络隐藏在一个合法的 IP 地址后面。PAT 与动态地址 NAT 不同，它将内部连接映射到外部网络中一个单独的 IP 地址上，同时在该地址上加上一个由 NAT 设备选定的 TCP 端口号。

四、关键命令

1. 将端口指定为内部端口

```
ip nat inside
```

2. 将端口指定为外部端口

```
ip nat outside
```

3. 定义公有 IP 地址池

```
ip nat pool name start-ip end-ip netmask netmask
```

name 是公有 IP 地址池的名字。

start-ip 是起始 IP 地址，end-ip 是结束地址。

netmask 是一组 IP 地址的子网掩码。

4. 内部地址进行端口转换

```
ip nat inside source list access-list-number pool name overload
```

access-list-number 用于指定哪些私有 IP 地址可以与地址池里的某个公有 IP 地址进行绑定。

name 是已经定义好的公有 IP 地址池的名字。

overload 参数的功能是指定网络地址转换的类型，将多个内部地址转换到同一个外部网络地址。

五、实验设备

路由器（2 台）、交换机（1 台）、实验用 PC（4 台）、服务器（1 台）、交叉双绞线（2 根）、直连双绞线（5 根）。

六、实验拓扑（见图 5-3-1）

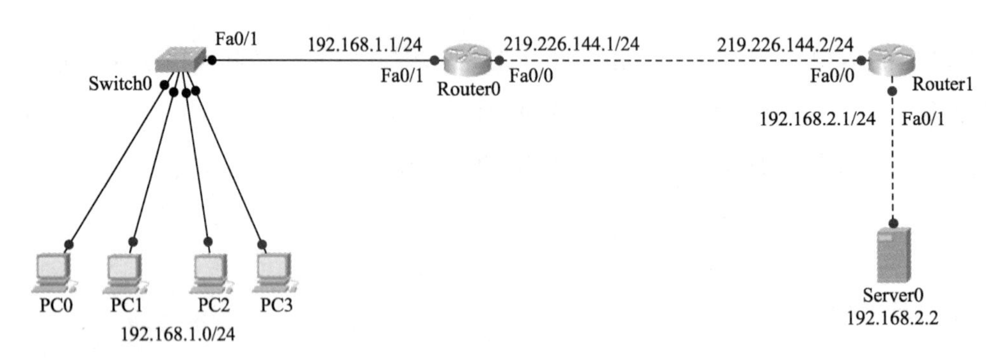

图 5-3-1 拓扑结构图

七、实验步骤

1. 按拓扑结构组成网络，配置计算机的 IP 地址

将 PC0、PC1、PC2、PC3 分别接入交换机 Switch0 的 Fa0/2、Fa0/3、Fa0/4、Fa0/5

端口，交换机 Switch0 接入路由器 Router0 的 Fa0/1 端口。Server0 服务器接入路由器的 Fa0/1 端口。分别设置计算机和服务器的 IP 地址、子网掩码、网关，如表 5-3-1 所示。

表 5-3-1　计算机和服务器的配置情况

计　算　机	路由器/交换机	接　　口	IP 地址	子 网 掩 码	网　　关
PC0	Switch0	Fa0/2	192.168.1.2	255.255.255.0	192.168.1.1
PC1	Switch0	Fa0/3	192.168.1.3	255.255.255.0	192.168.1.1
PC2	Switch0	Fa0/4	192.168.1.4	255.255.255.0	192.168.1.1
PC3	Switch0	Fa0/5	192.168.1.5	255.255.255.0	192.168.1.1
Server0	Router1	Fa0/1	192.168.2.2	255.255.255.0	192.168.2.1

2. 路由器 Router0 的基本配置

```
Router>enable
Router#config terminal
router0(config)#interface fastEthernet 0/1
router0(config-if)#ip address 192.168.1.1 255.255.255.0
router0(config-if)#no shutdown
router0(config-if)#exit
router0(config)#interface fastEthernet 0/0
router0(config-if)#ip address 219.226.144.1 255.255.255.0
router0(config-if)#no shutdown
router0(config-if)#exit
router0(config)#ip route 192.168.2.0 255.255.255.0 219.226.144.2
router0(config)#exit
router0#write memory
```

3. 路由器 Router1 的基本配置

```
Router>enable
Router#config terminal
Router(config)#hostname Router1
Router1(config)#interface fastEthernet 0/0
Router1(config-if)#ip address 219.226.144.2 255.255.255.0
Router1(config-if)#no shutdown
Router1(config-if)#exit
Router1(config)#interface fastEthernet 0/1
Router1(config-if)#ip address 192.168.2.1 255.255.255.0
Router1(config-if)#no shutdown
Router1(config-if)#exit
Router1(config)#ip route 192.168.1.0 255.255.255.0 219.226.144.1
Router1(config)#
```

4. 路由器 Router0 配置 PAT

```
Router0(config)#interface fastEthernet 0/1
Router0(config-if)#ip nat inside
Router0(config-if)#exit
Router0(config)#interface fastEthernet 0/0
Router0(config-if)#ip nat outside
Router0(config-if)#exit
router0(config)#ip nat pool jsjpat 219.226.144.10 219.226.144.10 netmask 255.255.255.0
router0(config)#access-list 10 permit 192.168.1.0 0.0.0.255
router0(config)#ip nat inside source list 10 pool jsjpat overload
router0(config)#exit
router0#write memory
```

八、结果验证

用 PC0、PC1、PC2、PC3 通过 IE 浏览器分别访问服务器 192.168.2.2 后，在路由器 Router0 上使用 show ip nat translations 命令显示路由器的 NAT 转发表，结果如图 5-3-2 所示。

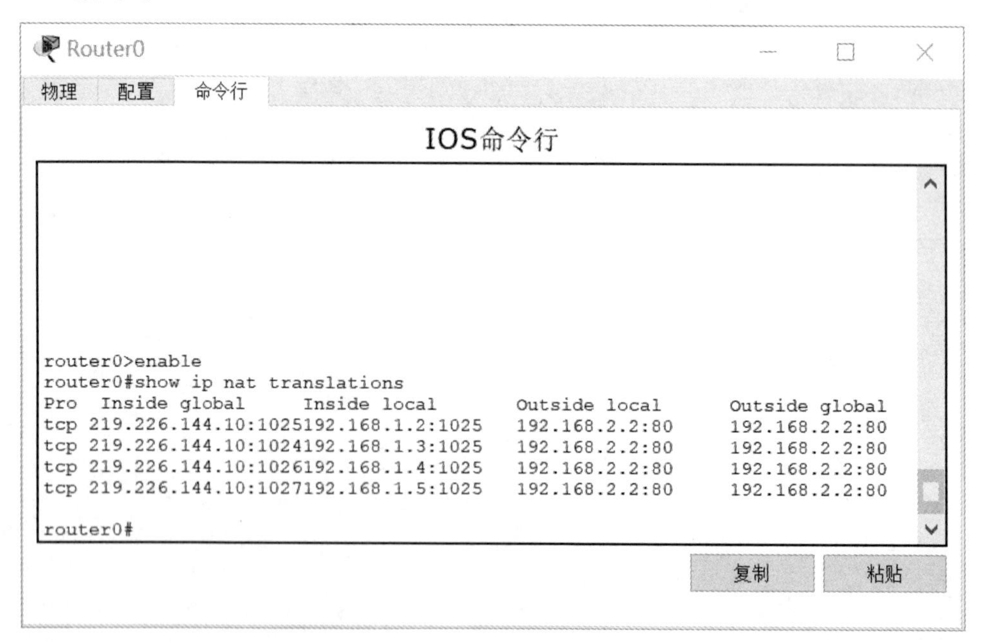

图 5-3-2 测试结果

由结果可知计算机内网的私有 IP 地址 192.168.1.2、192.168.1.3、192.168.1.4、192.168.1.5 分别对应转换成了一个公有 IP 地址 219.226.144.10，其对应的端口号为

1025、1024、1026、1027。

九、思考题

静态 NAT、动态 NAT、PAT 根据原理的不同主要应用在哪些场合？

参 考 文 献

[1] 王盛邦. 计算机网络实验教程[M]. 北京：清华大学出版社，2012.

[2] 沈鑫剡. 路由和交换技术实验及实训[M]. 北京：清华大学出版社，2012.

[3] 何小平，赵文. 路由与交换技术：工程项目化教程[M]. 北京：中国铁道出版社有限公司，2020.

[4] 张平安. 交换机与路由器配置管理教程[M]. 北京：中国铁道出版社，2015.

[5] 孙秀英. 路由交换技术及应用[M]. 北京：人民邮电出版社，2015.

[6] 李馥娟. 计算机网络实验教程[M]. 北京：清华大学出版社，2007.